中 国 美 术 院 校 新 设 计 系 列

包装设计

谭小雯 编著

上海人民美術出版社

图书在版编目（CIP）数据

包装设计 / 谭小雯编著 — 卜海：上海人民美术出版社，
2020.1
ISBN 978-7-5586-1414-9

Ⅰ.①包... Ⅱ.①谭... Ⅲ.①包装设计 Ⅳ.①TB482

中国版本图书馆CIP数据核字（2019）第229732号

本书受上海市应用型本科试点项目资助，由上海理工大
学视觉传达设计专业执行撰写。

包装设计

编　　著：谭小雯
统　　筹：丁　雯
责任编辑：姚宏翔
特约编辑：孙　铭
流程编辑：郭玉麒
技术编辑：史　湧
出版发行：上海人民美术出版社
　　　　　（地址：上海长乐路672弄33号　邮编：200040）
印　　刷：上海丽佳制版印刷有限公司
开　　本：889×1194　1/16　9印张
版　　次：2020年1月第1版
印　　次：2020年1月第1次
书　　号：ISBN 978-7-5586-1414-9
定　　价：58.00元

序言

包装是一个古老又现代的话题，也是人们自始至终在研究和探索的课题。

包装设计是视觉传达设计专业中一门重要的专业设计课程。包装设计主要解决包装造型、包装结构和包装装潢的问题。当今市场上的包装容器以纸盒包装应用范围最广、结构与造型变化最多，本书结合市场需求主要以纸盒包装容器设计为重点内容。笔者在多年的包装设计课程教学中整理、归纳、总结了一些教学经验和学习方法以飨读者。归纳总结以下几个方面：

一、突破常规，探索全新的包装结构。运用循序渐进的方式，从最简单的管式结构，到盘式结构，再到组合式结构，尤其是在组合式结构中，大胆创新，运用榫卯结构、拼图结构、咬合结构，将不同领域的结构特色融合在包装创新结构设计中。本教材在第二章节中大篇幅地重点展述包装的结构方式。从平面拼图游戏到立体榫卯结构，运用跨界融合创新的思维方式对包装的结构设计进行全新的认识和突破。

二、提倡环境保护，使用绿色包装材料。纸作为现代包装中运用最多的材料，主要用于制作纸箱、纸盒、纸袋、纸质容器等包装制品，纸类包装材料环保、可生物降解、自然、可持续，具有减少空气污染、净化环境、再循环使用、节约成本等优点。本教材在第三章节重点讲述在包装中运用最广的绿色环保纸质包装材料，通过本章节了解和掌握绿色包装材料的种类、性能、特点，能准确合理地选用包装材料。从更多地使用可再生资源到保持材料可回收利用，绿色包装会是一个长期的趋势，更多的消费品牌正在将环保设计融入产品包装中。

三、提升包装颜值的表现方法。包装的"颜值"通过视觉图形、色彩、文字等元素来表现，并传达商品的信息和特点，最终达到促销商品的目的。本书在第四章节中详述了包装中的视觉传达设计视觉元素的构成设计方法及版式编排，结合大量的案例作品探寻中外包装设计中图形、色彩及文化内涵，呈现符合当代审美观念和传统视觉伦理的设计作品。整个版面融合着中西文化的交流，将传统与现代的元素在形式和内容上达到和谐统一。

四、注重包装课题的实践表达。成功的包装首先具有很强的观赏性，其次还要有一定的商业品牌性和文化内涵，本书在最后的第五章节中以案例实践的方式，将文化传承的思考植入到包装实践课题设计中，尝试围绕传统文化与品味经典的设计主题，在课题实践案例中以不同的文化性包装主题解读传统文化的活态应用。引发读者对于传统文化样态在当代的视觉影响力，让人细细品味包装中呈现的现代视觉语境中传统文化的力量。

本书中大量列举的案例都是在2017年至2018年获Pentawards设计大奖、德国iF设计奖、红点设计奖以及欧洲A' Design Award设计奖等世界设计界大奖的最新获奖作品。其中Pentawards设计大奖是全球唯——个专门针对产品包装的设计大奖，素有包装设计界"奥斯卡"之称。

由于对包装设计内容的构想太多，一再反复推翻重来，在一次次地感叹"改稿无止境"中书稿终于成形，最后还是觉得编写得仓促，留下些许不足，更多的设想将留在今后的工作和实践中进一步挖掘和体现。

本书稿中所用创意包装（结构）设计作品全部来自多年教学中所积累的课程作业，这些创意设计作品是同学们勤学苦练、刻苦钻研的成果，本书稿的完成得益于熊承霞老师和上海理工大学出版与艺术设计学院的项目支持，在此向他们表达最诚挚的感谢！

目录

序言
....003

壹 理论基础

第一节 包装的概念
....010

第二节 包装的历史
....011

第三节 包装的定义
....017

第四节 包装的功能
....018

第五节 包装的分类
....020

贰 结构训练

第一节 纸盒包装的发展

....023

第二节 纸盒包装形态结构类型

....025

第三节 折叠纸盒结构设计及表现

....026

叁 材料应用

第一节 纸的发明与应用

....081

第二节 纸盒包装材料的分类

....082

第三节 纸材料的性能

....087

第四节 纸材料的绿色环保

....088

肆 设计元素

第一节 包装视觉传达设计三要素
..............................092

第二节 包装视觉图形设计
..............................094

第三节 包装视觉文字设计
..............................105

第四节 包装视觉色彩设计
..............................110

第五节 包装视觉版式设计
..............................123

伍 课程实践

课题实践一 传统文化包装
..............................130

课题实践二 节日浓情包装
..............................132

课题实践三 仿生趣味包装
..............................133

课题实践四 民族风情包装
..............................134

课题实践五 优秀范例赏析
..............................134

壹

第五节 包装的分类

第四节 包装的功能

第三节 包装的定义

第二节 包装的历史

第一节 包装的概念

理论基础

包装是伴随着人类文明的发展和生存需要而产生的。人类来到世间的第一件要事就是寻找可以"包"和"装"的地方。为了实现生存需求，人类从自然界中就地取材，将山洞作为自身栖身的包容器；将树叶、兽皮等作为对身体的包裹物；将黏土制作成各种盛器。尽管简陋、原始，但任何事物都有其自身发展的规律，人类对"包"的概念也经历了从原始到文明、由简陋到繁荣的发展过程。中国的文化重实践，注重创造事物的过程，包装体现人类社会发展的生活必然和文明的高度。

第一节　包装的概念

在中华文明五千年的变迁中，包装是伴随着人类的生存需要而出现的。包装的历史和人类的发展史一样，也同样经历了一个漫长的历史发展过程，由粗浅稚拙到成熟兴盛。最初，包装的出现仅仅是为了满足人类在生活中的需要，人们在自然界中就地取材，使用树叶、动物皮毛等作为对身体的包裹物；还学会了用黏土制作烧成各种盛器，方便食物和饮水的需要；为了方便转移物品，将草和藤等天然材料经过"织编"制作成为筐篮篓等容器。尽管简陋、原始，但任何事物都有其自身发展的规律，人类因生存的需要成就了包装思想萌发的动因。从原始的实用功能、携带功能开始，逐渐演变发展成今天集保护、携带、展示于一体的现代化的包装。如图1-1所示的"掌生谷粒"品牌包装：古朴的牛皮纸盒，象征富贵的牡丹大花图案，用揉制而成的纸藤一圈一圈地绑紧扎牢的牛皮纸袋，再贴上棉纸的外衣，手写书法字体讲述产地、产品与生产者的故事，质朴简洁的包装，只是为了让大家感受到古早农业时代那种吃到新米的纯然感动。

包装从字面上理解为"包裹、捆扎、填装及装饰"。从广义角度来说，所有用于包裹物品的东西都可以叫作包装，从狭义角度来说，用于流通的商品的包装才叫作包装。

图1-1："掌生谷粒"品牌系列包装

第二节 包装的历史

中国是世界上文明发达最早的国家之一,包装的历史起源悠久。远在原始时期,人类就已经能熟练运用各类材质进行包装,如树叶、贝壳、竹筒、葫芦等大自然天然材料,以及到后来运用泥土烧制成的粗陶容器,从而产生了原始的包装形态。这也是历史上最早出现、最原始的手工包装,其功能主要用于盛装、贮存和转移物品。随着人类生产力的提高和发展,从以物交换到商业的出现,包装开始踏上漫漫的历史长路。在人类的进化中,人们总在不断发明包装,改进包装,并创新包装。包装经历了从原始到文明、由简陋到繁荣的发展过程。包装设计的历史发展经历了原始包装、古代包装、近代包装和现代包装四个阶段。

一、原始包装

远古先民早期的包装直接取材于大自然中的纯天然材质,如竹、木、草、麻、果壳、葫芦、兽皮、牛角、骨管等材料,对其进行直接选用或简单的粗加工。由于原始社会生产技能程度极低,原始的包装简单质朴、取材容易,而且不会对环境造成任何破坏,直到现代还在延续使用,比如复古的各种麻绳包装、端午节的粽子、护肤贝壳油、卤水的葫芦瓢等。如图1-2、3、4、5所示:各种天然材料包装追溯前人的足迹,取传统包装之精华,天然纯粹的植物材料,取材方便,价格低廉,天然环保,就是原始包装在现代社会的体现。天然材料的包装具有丰厚的人文气息,复古之风扑面而来。

图1-2: 天然原木材料的包装

图1-3: 贝壳、葫芦材料的包装

图1-4: 箬叶、麻编织物包装

图1-5: 竹篾编织包装容器

到了新石器时代，由于人类的生产力得到了极大的提高，包装也得到了很大的发展。这一时期出现了对黏土进行捏制烧制的制陶艺术，出土的粗陶经过许多美化加工，这种简单易于制造的方式，使得原来依靠自然的模式走向了手工创作自给自足的开端。彩陶是我国新石器时期广泛流行的一种精美陶器，它是仰韶文化的一项卓越成就，制陶工艺是农耕的一个重要标志，也是包装从利用现成物到创造、制作包装的重要标志。常见的器形有碗、盆、钵、罐、瓶等饮食器、盛贮器和汲水器等。同时由于天然矿物质染料的发现，在这些陶器上有了初始的美学设计。如图1-6、7所示，彩陶是远古人类文化与智慧的结晶，展示了远古先民对于色彩、线条和图形组合原理的深刻认识与娴熟运用以及它那缤纷多彩的纹饰所蕴含的丰富内涵和历史信息。陶器的发明是人类最早利用化学变化改变天然性质的开端，是人类社会由旧石器时代发展到新石器时代的标志之一。

二、古代包装

随着文明的交替，到了新石器时代的后期由于社会分工的出现、冶金技术的发展以及商人的出现，以青铜为材料的青铜器登上了舞台，其中商周器物最为精美，被王公贵族们普遍使用，主要为满足于王侯将相的生活用品。青铜器的造型丰富多样，仅作为容器出现的就可分为酒器、食器、水器、烹饪器等。酒器的造型很丰富，主要有爵、角、觚，还有壶、卣、觥、尊等盛酒器及其他；食器主要以簋最多，用来盛黍、稷等主食，相当于现在的碗；水器则有鉴和盘等；烹饪器主要有鼎、鬲等。三条足的鼎，具有极强的稳定感。觚的造型为圆形细长身，喇叭形大口，侈口，细腰，圈足外撇，器身常饰有

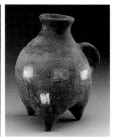

图1-6：原始时期的粗陶容器

图1-7：新石器时代的彩陶容器

图1-8：商代青铜先方彝酒器和青铜觚

图1-9：古代三足青铜器酒器爵和斝

蚕纹、饕餮、蕉叶等纹饰。青铜器在装饰上除平面纹样外，还出现了很多立体雕塑装饰，比如，把盖的钮做成动物形，令觥的本身的造型为双角兽形等，大大丰富了青铜器的造型。这个时代最有代表的就是祭祀的鼎和喝酒的酒爵，鼎由最初烧煮食物的炊具逐步演变为一种礼器，成为权力与财富的象征。青铜器是古代采用一种非常特殊的工艺制作出来的器物，体现了古代人民对制造工艺和装饰美学法则的掌握。如图1-8、9、10所示的青铜器，就是古代灿烂文明的载体之一。

春秋战国时期，除了铸铁炼钢技术外，制漆涂漆技术也得到极大发展。漆器的木制容器大量出现。在战国时期，漆器业独领风骚，形成长达5个世纪的空前繁荣。汉代是漆器的鼎盛时期，漆器的品种繁多，同时，还开创了新的工艺技法和装饰手法。漆器是中国古代在化学工艺及工艺美术方面的重要发明。如图1-11所示。漆器的精美是中华文明高度发展的一个缩影。首先令人称奇的是它的制作工艺：先以木灰或金属为胎，再在胎骨上层层髹漆几十层或上百层，半干时再根据剔红、剔犀、螺钿和描金等种种不同工艺类型，或描上画稿，或雕刻花纹，或描金镶钿，整个过程延续数年，一件漆器才能大功告成。漆器图案根据不同的器物，以粗率简练的线条或繁缛复杂的构图表现，增强人或动物的动感与力度。黑红互置的色彩产生光亮、优美的特殊效果。在红与黑交织的画面上，形成富有音乐感的、瑰丽多彩的艺术风格，展现了一个人神共存、奇崛诡谲、流动飞扬、变幻神奇的神话般的世界。在中国，从新石器时代起就已认识了漆的性能并用以制器，历经商周直至明清，中国的漆器工艺不断发展，达到了相当高的水平。中国的炝金、描金等工艺品，对日本等地都有深远影响。

图1-10: 古代青铜器簋

图1-11: 古代精美漆器

东汉时期，蔡伦改良了造纸术，使得纸这个后世大放异彩的包装材料第一次出现在世人面前。改进后的纸很快运用到包装上，加上铁器冶炼技术的成熟，于是出现了各种各样的、以大自然为原材料的精加工包装，比如以竹子为原材料来生产的各种竹容器，如图1-12、13所示。由于这种包装具有一定的技巧性，出现了这一行最早的匠人，竹匠、篾匠等就在这一个时期出现。其中还包含了非常多的纸包装，那时候的纸主要还是作为方便使用的角度来应用，比如包中药的纸、包茶叶的纸。如图1-14所示。

由于商人的出现，于是古代出现了真正意义上的包装，成语"买椟还珠"出自《韩非子·外储说左上》：有一个楚人为了卖珍珠，把装珍珠的盒子做得特别精美，一个郑人看了之后买了下来，但把珍珠还回商人，只留下精美的木匣包装盒。如图1-15所示。这个故事就是那个时代有关包装的最好证明。

三、近代包装

自18世纪60年代英国工业革命发生，工业生产迅速发展，机器取代人成为生产的主力，产品得到了极大的充足，于是作为宣传的包装第一次登上了历史的舞台，特别是在工业革命席卷整个欧洲大陆后，市场经济有了更深远的发展。19世纪末20世纪初，各种印刷机械的出现与多色石版印刷技术的发明与完善极大地推动了包装产业的发展，并为现代包装工业和包装科技的产生和建立奠定了基础。

图1-12: 各种竹容器包装

图1-13: 竹壳茶叶包装

图1-14: 茶叶、中药纸包装

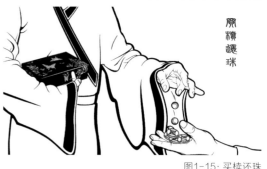

图1-15: 买椟还珠

18世纪末，法国科学家发明了灭菌法包装储存食品，催生了19世纪初出现的玻璃食品罐头和马口铁食品罐头，使食品包装学得到迅速发展。如图1-16所示。进入19世纪，包装工业开始全面发展，1800年机制木箱出现，1814年英国出现了第一台长网造纸机，1818年镀锡金属罐出现，1856年美国发明了瓦楞纸，1860年欧洲制成制袋机，1868年美国发明了第一种合成塑料袋——赛璐珞（celluloid），1890年美国铁路货场运输委员会开始宣布瓦楞纸箱正式作为运输包装容器。

由于中国封建社会的闭关政策，中国的包装远远落后于外国，直到1915年巴拿马世博会，中国代表团获得了1218枚奖章。这是海外认可度最高的一届世博会，其中福州马玉记商号参展并获得金奖，由于茶商华丽又精美的装潢代表了中国茶的特色，因此获得国内外一致赞誉。如图1-17、18、19、20所示。中国近代茶叶包装具有极强的观赏性，视觉表现力上已经做到丰富多彩，醒目且有质感；在设计表现元素上，作品风格传达了独具东方传统的视觉元素，形态多样；加工技术上，纯手工做出的工艺精美度完全不输现在机器时代；材料使用上，无论是木质、陶瓷、纸质还是铁皮包装，材料的运用已经非常多样化了。

图1-16: 马口铁罐头包装

图1-17: 马玉记获奖包装（左）和参赛白茶盒套装

图1-18: 广东荣茂茶号的龙团香茶

图1-19: 华茶公司陶瓷茶叶罐

图1-20: 金属材质茶叶罐

四、现代包装

现代包装的起源可以追溯到18世纪的后半叶，但是真正的起步和发展，是进入20世纪后，在现代科学技术支持下，包装进入全面大发展的新时期，逐渐发展成为一个庞大的包装工业体系。现代包装与传统包装相比，已发生了根本性变化。

20世纪30年代经济不景气，严重影响了厂商的发展，为了产品促销，他们开始重视研究包装设计，加强包装的功能，提升产品的附加价值。

50年代，自选商店在美国迅速取代了传统的杂货店，包装成为无声推销员。包装设计要求集中在品牌的辨识度上注重商标和产品名称以及色彩运用。包装设计更加追求时新的外观，许多设计家对摄影图形进行各种平面化处理，使画面具有了商品特殊的魅力。同时出现了市场营销学、消费心理学、价值工程学等一系列的相关理论学说。60年代，国际贸易快速成长，出现了很多因包装不良造成的国际纠纷，进而研究新的包装材料和工艺成为需要，包装技术得以不断改进。

70年代，大部分碳酸饮料采用了聚乙烯瓶子，纸提袋被取缔。可挤压式塑料瓶在20世纪50年代就产生了，经过近30年的改进，被大量应用在饮料、调味酱和番茄酱等食品中。

80年代，回收再使用的包装观念应运而生，各国开始加大了对包装的管理，有关规定也日趋严格、规范。越来越多的设计师开始意识到包装设计对保护环境所具有的重大意义，日本所倡导的"轻、薄、短、小"的包装设计理念影响了全世界。

90年代，包装设计更加注重企业形象的表现，开始为企业产品服务，由于同一企业的产品越来越丰富化和统一化，品牌形象在包装上的进一步强调，成为突出产品优势不可缺少的武器。在环境保护浪潮的影响下，包装材料考虑到尽量减少污染的可能，包装也更强调科学化、合理化。

进入20世纪，科技发展日新月异，包装设计融入产品营销，更突出产品的品牌形象，更注重个性化的设计，包装印刷技术的不断飞跃，新材料、新技术不断创新，产品分类也更加细化。无菌包装、防震包装、防盗包装、保险包装、组合包装、复合包装等技术日益成熟，多方面强化了包装的功能。

经过多年的变革，包装行业已经取得了大发展，包装设计进一步科学化、现代化，无论从设计到生产都形成了自己独特的文化。

图1-21：现代包装的先驱——立顿品牌茶包装

第三节 包装的定义

在现代社会中，包装与商品已融为一体，包装的基本职能是保护商品和促进商品销售，世界各国对包装所作的定义，都是围绕着包装的基本职能来论述的。

美国对包装的定义：包装是为产品的运出和销售所做的准备行为。

英国对包装的定义：包装是为货物的运输和销售所做的艺术、科学和技术上的准备工作。

加拿大对包装的定义：将产品由供应者送达顾客或消费者手中而能保持产品完好状态的工具。

日本对包装的定义：包装是使用适当的材料、容器等技术，便于物品的运输，保护物品的价值，保持物品原有的形态的形式。

中国对包装的定义：为在流通过程中保护产品，方便运输，促进销售，按一定技术方法而采用的容器、材料及辅助等的总体名称。也指为了达到上述目的而采用容器、材料及辅助物的过程中施加一定技术方法等的操作活动。

图1-22：纸板卡装瓷碗包装

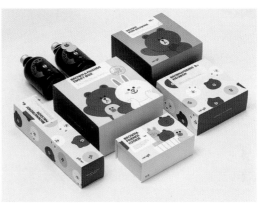

图1-23：韩国儿童食品包装

图1-24：日本和式食品包装

第四节　包装的功能

包装功能是指对于包装物的作用和效应，也是实现商品价值和使用价值，并增加商品价值的一种手段。从产品到商品，一般要经过生产领域、流通领域、销售领域，最后才能到达消费者手中，在这个转化过程中，包装起着非常重要的作用，良好的功能是包装容器设计的目的，也是包装设计的价值所在。

包装的功能主要有：(1)保护性：保护性是商品包装最基本也是最重要的功能，即避免商品包装在储运过程中受到震动、挤压和碰撞，保护商品不受损害和损失。(2)便利性：可以让各种不同形状的商品采用规则形状的箱子进行包装，便于进入流通市场和消费环节，给生产者、保管者、搬运者、销售者到使用者都带来了极大的便利；同时，使消费者在选购商品后便于携带和使用。(3)经济性：精美的包装能够吸引消费者的目光，能唤起人们的消费欲望，从而促进销售。商品包装的装潢设计是良好的促销手段之一，也对商品起媒介作用，把商品无声地介绍给消费者，把消费者吸引过来，从而达到扩大销售、占领市场的目的。

保护性和便利性属于自然功能；经济性属于社会功能。包装是商品的附属品，是实现商品价值和使用价值的一个重要手段。同时，包装可以用来对商品做介绍、宣传，便于人们了解这种商品，成为商品无声的促销员。自然功能保护商品处于完好状态，为社会功能的实现提供可能；社会功能是把商品尽快地推向消费者手中，使自然功能的实现成为有效。这两种功能相辅相成。

图1-25: 一之乡品牌包装

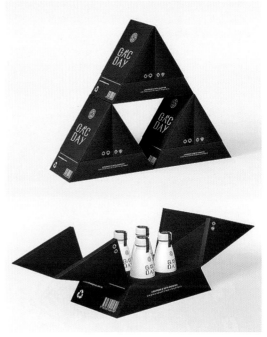

图1-26: Gac Day三角形饮料包装盒

综合包装的功能，大致分以下几个方面：保护与盛载、储运与促销、美化商品和传达信息、环保与卫生、循环与再生利用等。

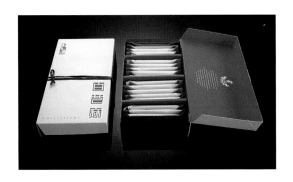

图1-27：芝麻方块酥包装

图1-28：2017Pentawards获奖包装

图1-29：听香茶礼品包装

第五节　包装的分类

包装种类很多，材料、方式、用途非常广泛。根据不同的产品内容产生了不同的包装分类。

（1）**按包装产品种类分**：食品、电器、药品、五金、轻工、玩具、纺织品、日用品、危险品包装等。

（2）**按包装材料分**：纸、布、木、竹、藤、草、塑料、金属、陶瓷、玻璃、复合材料等。

（3）**按包装形态上分**：盒、箱、杯、袋、桶、瓶、罐等。

（4）**按包装流通功能分**：运输包装和销售两大类；运输包装又称作工业包装或大包装。主要是由许多小包装集装而成，用以商品运输、装卸、储存需要的外层包装，起着保护商品、方便管理、提高运输效率等作用。运输包装不随同商品出售给消费者。

销售包装又称作商业包装或小包装，起着对商品保护、美化、宣传、促进销售和方便使用等作用。销售包装刊有商标及其产品形象画面，通常随同商品一起出售给消费者，是消费者认识商品、了解商品的一个依据，对商品起着有效的促销作用。

（5）**按包装技术方法分**：防震包装、防湿包装、防锈包装、真空包装、防虫包装、缓冲包装、抗菌包装、防伪包装、充氮包装、除氧包装等。

（6）**按包装结构形式分类**：管式、盘式、组合式、仿生式、特殊式等结构，每个包装结构都有

图1-30：2017日本包装设计奖（JPDA）获奖包装

图1-31：2017日本包装设计大奖——金奖包装

图1-32：2017Pentawards获奖包装

其对应的合理用途。管式结构适用于包装高长的商品，如酒、饮料等产品，如图1-33所示；盘式结构便于包装扁平状物品，如食品、纺织品等，如图1-34所示。

（7）按包装风格形式分类：现代、传统、复古、风俗包装等。

（8）按产品销售范围分：内销产品、出口产品。

（9）按包装使用次数分：一次性、永久性等。

（10）按包装软硬程度分：硬包装、半硬包装和软包装等。

（11）按纸的种类分：白板纸盒、卡板纸盒、铜版纸盒、牛皮纸盒、瓦楞纸盒、箱板纸盒、无纺纤维纸盒等。

（12）按材料厚度分：厚板纸盒和薄板纸盒。

（13）按产品销售形式分：系列包装、礼品包装、陈列包装等。

图1-33: NICHE品牌茶包装

图1-34: 高山茶包装

图1-35: 喜堂品牌茶叶包装

图1-36: 厚皮花蜜品牌蜂蜜包装

贰

纸包装是市场上应用范围最广、结构与造型变化最多的一种包装容器。由于纸的材料特性和生产工艺方式不同，本章节分别从理论和实践上对纸包装容器的结构进行讲解和探索，学习和研究包装设计的方法，深刻地了解和认识包装结构的本质与规律。为了体现包装在造型上的千姿百态，我们对包装的创意结构在形式、造型和功能上进行了各种创新和突破。

结构训练

第一节 纸盒包装的发展

第二节 纸盒包装形态结构类型

第三节 折叠纸盒结构设计及表现

第一节　纸盒包装的发展

最早使用纸盒包装的是美国Kellogg兄弟，他们也是第一个发明麦片状玉米早餐的人，而纸盒则成为该产品的包装。Kellogg兄弟对商业市场有着极为敏感的洞察力和预见力，他们使Kellogg's（家乐氏）牌早餐成为健康食品而出现在许多家庭的早餐桌上。Kellogg's公司在20世纪二三十年代就对该产品开发了一系列图案的纸盒容器，其他各大制造商随后也开发了大量印制纸盒。尽管Kellogg's牌早餐至今已有近百年的历史，但它始终使用纸盒包装并占据着大部分西方国家的早餐市场，如图2-1所示。

比起20世纪的三四十年代，今天有更多的产品使用纸盒作为包装，如食品、服装、化妆品、香烟等。设计师通过选用不同质量的纸张及印刷技术将纸盒制作成不同级别的包装，从极为简洁的实用包装盒到高级精美的礼品包装盒，无论是包装哪一种产品，纸盒的基本功能必须是保护产品、方便运输、利于促销。像所有的包装设计一样，纸盒包装必须赢得顾客的青睐，因此纸盒的外观从某种程度上来说比产品还要重要，就算已有一定市场占有率的产品，其纸包装的外观设计依然不容忽视，它是吸引新老顾客购买商品的绝佳武器。如图2-2所示的Pasta品牌意面的包装设计，巧妙地把各种面条形状以镂空的手法配合不同的发型形状，灵巧地构成了女孩们风情万种的百变发型，这一设计非常具有创意，执行也很到位。不同的面食面条形状，带来不同的包装效果，形成的每个品种都有自己独特的个性，让人印象深刻，难以忘怀，Pasta品牌面食这种非传统的包装设计让人感觉

图2-1: Kellogg's品牌早餐包装

图2-2: Pasta品牌意面的包装

现代俏皮, 甜美可爱, 充满活力, 更能吸引年轻的消费者。Delysoy品牌面条包装上的开口让面条看起来像人的头发和胡须, 所有Delysoy人物都有一个幽默风趣的咧嘴笑容, 表达了客户购买产品时快乐积极的感觉, 如图2-3所示。以上这些意大利面条的包装盒设计都使用了有创意的镂空切口和简洁美观的插画, 使得每个品种都有自己独特的性格, 也使这一意大利面食品牌幽默风趣, 活泼可爱, 充满活力。

由于纸材的不断改进, 出现了许多使用复合纸板制作出的高品质的产品纸盒, 尤其是食品类。尽管大多数的饼干依然采用塑料薄膜作为包装材料, 但是较高级的包装又渐渐回到纸盒上, 而冰冻类的食品, 特别是精加工的食品依然多采用纸盒包装。另外一个纸盒增长区域是快餐类食物, 该类食物要求纸盒容器适用于烤箱及微波炉, 且这类产品的需求量越来越大。饮料、奶品也是使用纸盒容器较多的产品。自从20世纪50年代, 采用瑞典利乐公司全无菌生产线生产复合纸质包装的利乐包装, 成为世界上牛奶、果汁、饮料和许多其他产品包装; 无菌纸盒诞生后, 人们发现纸盒容器比听装容器能更好地保持食物的滋味, 并且成本也相对低廉, 因此受到制造商的推崇。如图2-4所示。

由于纸盒容器的诞生和使用, 致使饮料和奶制品的销售量每年递增, 在世界各地, 小包装的纸盒因经济实用出现在各大超市的货架上。

图2-3: Delysoy品牌面食包装

图2-4: Petit品牌饮料包装

图2-5: LATERIO品牌海产品包装

第二节 纸盒包装形态结构类型

纸盒包装是市场上应用范围最广、结构与造型变化最多的一种包装容器；纸盒包装的形态主要有：方形、圆形、三角形、多棱形、梯形、组合形、仿生形及特殊异形盒等，新颖奇特的包装形态能给消费者留下深刻的印象，起重要的引导和促销作用。纸盒包装形态结构是根据不同包装材料、不同包装容器的形态以及包装容器各部分的不同要求，从包装的保护性、方便性、复用性等基本功能和生产实际条件出发，科学地对包装内、外结构进行合理的优化设计，因此，更加侧重技术性、物理性的使用效应，并伴随着新材料和新技术的进步而变化、发展，达到更加合理、适用、美观的效果。适应社会需求的设计是纸包装结构设计的基本出发点。

当今消费需求变得日趋差异化、多样化、个性化，面对这样一个消费追求个性体验的时代，创意包装无疑是对这个时代的一个重要体现。因此，我们对包装的创意结构在形式、造型和功能上进行了各种创新和突破。

纸盒包装中最常见的类型有折叠式纸盒和粘贴式纸盒两大类。包装结构指的是包装的不同部位或单元形之间相互的构成关系，其结构设计分活动式与固定式两类。活动式主要指纸盒包装顶盖和底部结构可以多次开启与闭合，组合便利，这也是包装结构设计中最关键的部分；固定式指纸盒造型部位通过黏合剂的黏接来固定构成。

活动式和固定式以其富有变化和极其巧妙的特点来表达纸盒包装结构设计的技术美和形式美。

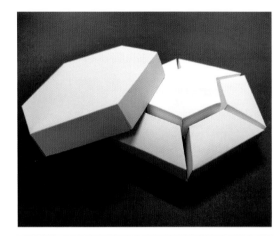

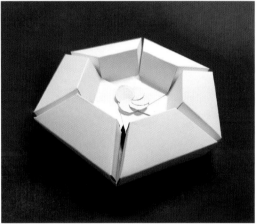

图2-6：组合折叠纸盒包装结构　楼嘉怡

第三节 折叠纸盒结构设计及表现

折叠纸盒的盒型通常可分为四大类:管式型、盘式型、组合式型和特殊型。

折叠纸盒按形式分:插入式、锁口式、粘贴式、组装式等。

按用途分:食品用纸盒、纺织品用纸盒、化工电子产品用纸盒、药品用纸盒、化妆品用纸盒等。

按结构分:抽屉式、摇盖式、套盖(天地盖)式、手提式、开窗式、陈列展示式、组合礼品式等,如图2-7、8、9、10所示。

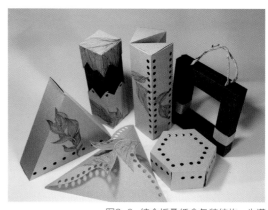

图2-8: 综合折叠纸盒包装结构　朱潇

图2-9: 综合折叠纸盒包装结构　胡洪

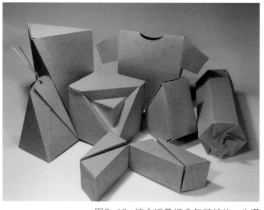

图2-10: 综合折叠纸盒包装结构　朱潇

图2-7: 综合折叠纸盒包装结构　赵文竹

一、管式折叠纸盒结构的形态特征

管式型折叠纸盒是指纸盒形态造型较高，上下开口，侧面黏合，整个盒盖面积占盒体的最小部分。

1.管式折叠纸盒的构成要素：

（1）盒体：是折叠纸盒的主要组成部分，分固定面和组合面，它们定义了纸盒的主要成型结构。面板常分为主面和副侧面，对常见的矩形纸盒而言，主面又可分为前面板和后面板，副侧面又可以分为左侧面板和右侧面板。如图2-11所示。

（2）盒盖：是商品内装物进出的门户，其结构必须使内装的商品不易自开，也便于消费者开启，从而起到封闭和保护作用。盒盖常用的开启方式有：插入式、锁扣式、插锁式、黏合封口式等。

① 插入式：盒盖有三个摇盖部分，主盖有伸长出的插舌，以便插入盒体起到封闭作用。这种结构设计使用简便，盒盖和盒底相同，但承重力较弱，通常适合包装食品、文具、牙膏等小型或重量轻的商品，这种结构在管式结构包装中最为普遍，也是应用最为广泛的。如图2-13所示。

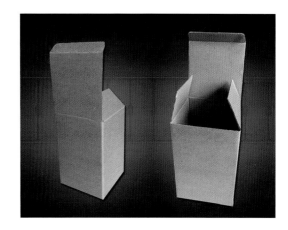

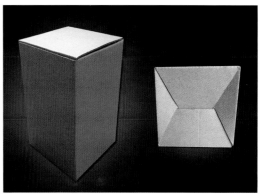

图2-11: 基础形管式折叠包装纸盒

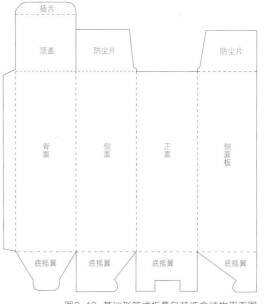

图2-12: 基础形管式折叠包装纸盒结构平面图

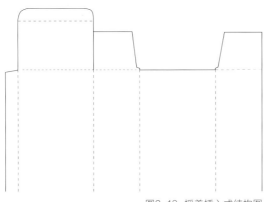

图2-13: 摇盖插入式结构图

② 锁扣式：这种包装设计结构通过两个摇盖（防尘片）相互产生插接锁合，结构比插入式更为牢固。如图2-14所示。

③ 插锁式：插接与锁合相结合的一种方式，结构比锁扣式插入更为牢固，但组装与开启稍有些麻烦。如图2-15所示。

（3）**盒底**：是承载内装物的重量、抗压、防震动、防跌落等情况影响最大的部位。设计原则力求成型简单，保证强度。盒底的锁底方式：插入式、锁底式、别插式自锁底、黏合封口式等。如图2-16所示。

① 别插式自锁底结构：利用管式包装盒底部的四个摇翼，通过设计而使它们相互咬合。这种咬合通过"别"和"插"两个步骤来完成，组装简便，有一定的承重能力，在管式包装盒印刷设计结构中应用较为普遍。如图2-17所示。

② 插锁式封底结构：插锁式底锁盒牢固不易开启。如图2-18所示。

课程重点把握：

管式折叠纸盒是纸质包装乃至整个包装体系中非常重要的一部分，也是普遍使用的一种盒型，作为具有容装空间的功能性物品，在管式折叠纸盒的结构设计的重点是盒盖、盒体和盒底。管式结构是学习纸盒结构的重要开端，为后续的纸盒结构打下良好基础。

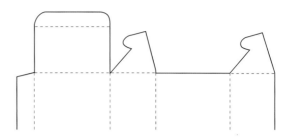

图2-14：锁扣式结构图

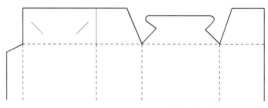

图2-15：插锁式结构图

图2-16：别插式自锁底包装盒底图、插锁式盒底图

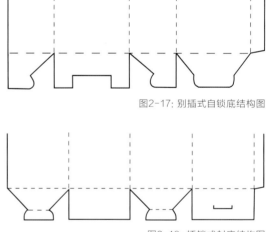

图2-17：别插式自锁底结构图

图2-18：插锁式封底结构图

课程实践设计训练一：
管式折叠纸盒结构创意表现

设计与制作要求

（1）**实验要求**：以瓶装容器产品为设计对象，设计实践探索多种结构变化的管式折叠纸盒，分别对盒盖和盒体进行创意结构设计，盖端和底部用插接式，方便多次开启，侧面黏合完成。

（2）**实验方法**：

①管式结构纸盒。侧面黏合，底端黏合，上端插接式。

②长方形盒型。盒体变化，上端采用插入封顶，下端采用插别封底，侧面黏合。

③完全封闭盒。四周全用黏接方法结合，盖部与底部也完全密封。

（3）**训练目的**：打破市场上惯用的单一管式盒型的结构设计思维，将设计中的点、线、面、体的构成元素大胆运用到立体包装设计结构中，突破常规，培养创新思维。如图2-19、20、21所示。

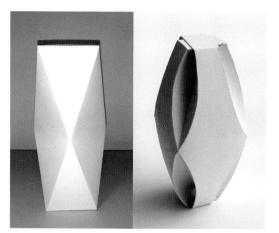

图2-19: 盒体变化的管式结构盒型　罗丰

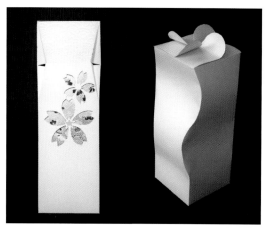

图2-20: 盒体和盒盖变化的管式结构盒型　唐璐、王升

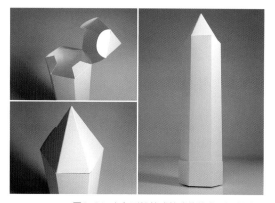

图2-21: 六角形铅笔式管式结构盒型　刘诗悦

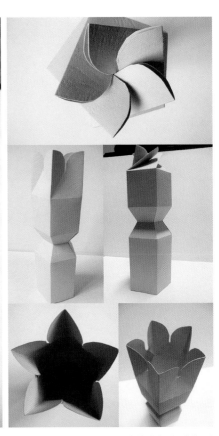

图2-22：盒盖与盒体变化的管式结构盒型　刘红影

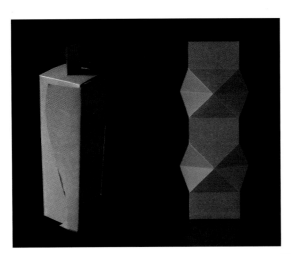

图2-23：盒盖与盒体变化多种管式结构盒型　金梭、黄文慧、温源

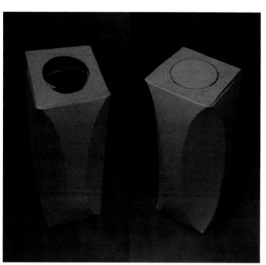

图2-24: 盒体棱角线变化的管式结构盒型　李力港

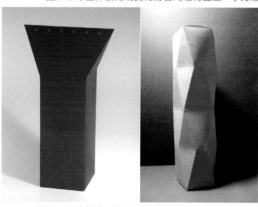

图2-25: 盒体多面体分割变化的管式结构盒型　温源

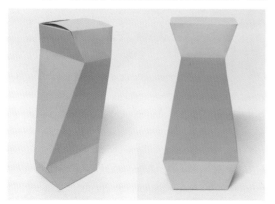

图2-26: 盒体变化的管式结构盒型　郭天舒

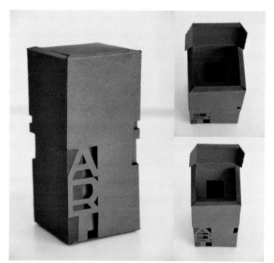

图2-27: 字母镂空盒体变化的管式结构盒型　严岚

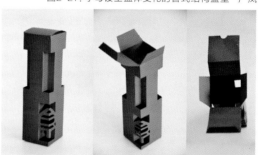

图2-28: 盒体棱角线变化的管式结构盒型　严岚

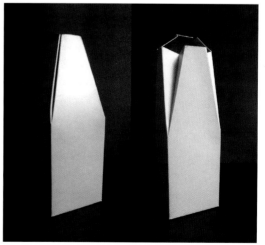

图2-29: 顶部棱角线变化管式结构盒型　潘珊

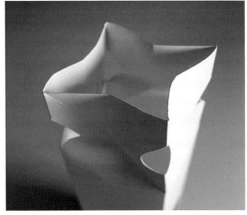

图2-30: 顶盒体与棱角线变化的管式结构盒型　刘诗悦

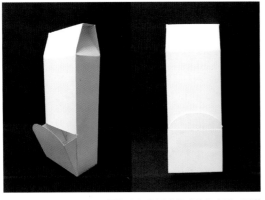

图2-31: 抽屉式管式结构盒型　周谨

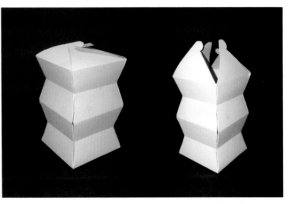

图2-32: 顶盒摇翼伸缩式盒体管式结构盒型　丁宇

图2-33：上下对盖手绘管式结构盒型　朱潇

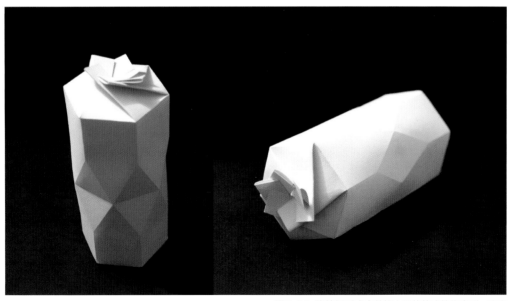

图2-34：连续插别式盒盖的六面体管式结构盒型　沈言

图2-36：菱形分割盒体的管式结构盒型　朱佳玲

图2-35：盒体转体扭曲管式结构盒型　杨译

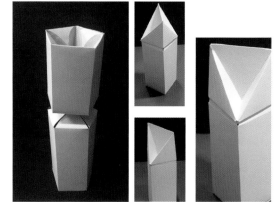

图2-37：顶部凹进式管式结构盒型　杨卉屿、杨琦薇

总结分析：

管式纸盒结构包装是日常包装形态中最为常见的纸盒包装。其特点是在成型过程中，盒盖和盒底都需要摇翼折叠组装固定或封口，而且大都为单体结构（展开结构为一整体），在盒体的侧面有黏口，纸盒基本形态为四边形，在此基础上扩展为六边形、八边形等以及其他多边形。在管式折叠纸盒形态结构设计中，重点突出盒盖与盒体形态的变化以及盒体上棱角线的处理，这不仅关系到纸盒包装展示立面体的六个外形面，还包括展示面的大小、尺寸和形状，甚至关系到整个纸盒结构造型与实用功能，这也是纸盒的独特造型美的所在。

二、盘式折叠纸盒结构的形态特征

盘式型折叠纸盒是指造型立面较低、整体似盘型的结构盒，特征是整个盒盖占盒体的最大面积。盘式包装盒一般高度较低，开启后商品的展示面较大，这种纸盒包装结构多用于包装纺织品、服装、鞋帽、食品、礼品、工艺品等商品，其中以罩盖和摇盖结构形式最为普遍。

1. 盘式折叠纸盒的主要结构：

（1）**罩盖式**：盒体盒盖是两个独立的盘式结构，盒盖的长、宽略比盒体大，盒盖与盒底高度相同或不同，以套盖形式闭合。如图2-38所示：天地盖式（左）、帽盖式（中）、对扣盖式（右）。

图2-38：罩盖式三种折叠纸盒结构

（2）**摇盖式**：在盘式纸盒的基础上延长其中一边设计成摇盖，其结构特征较类似管式纸盒的摇盖。如图2-40所示。

（3）**连续插别式**：其插别方式较类似连续摇翼窝进式，这种锁合包装结构方式造型优美，极具装饰性，但手工组装和开启较麻烦，适合于礼品包装，多应用于婚礼糖果包装盒、圣诞节礼品包装盒。

（4）**抽屉式**：由盘式盒体和外套两个独立部分组成。

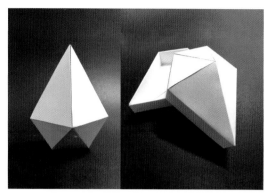

图2-39：水滴状天地盖式盘式结构盒型　楼嘉怡

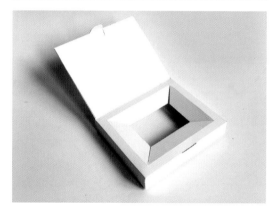

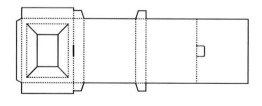

图2-40：摇盖式盘式结构盒型　蒋晓燕

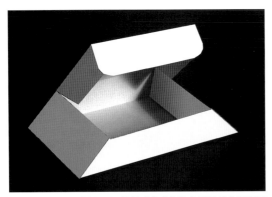
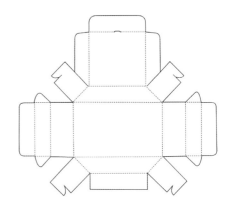

图2-41: 摇盖式盘式结构盒型及结构平面图

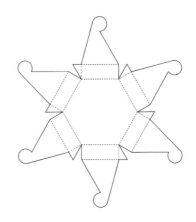

图2-42: 连续摇翼窝进式盘式结构盒型及结构平面图

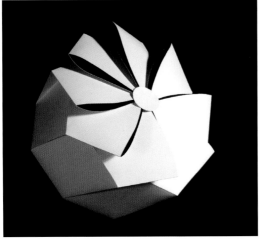
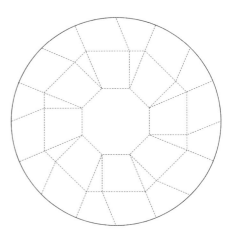

图2-43: 连续插别式盘式结构盒型及结构平面图

2. 盘式折叠纸盒的构成要素：

盘式折叠结构是由一个整体折叠而成，盒体四周进行折叠插接或黏合而成型的纸盒结构，这种包装结构在盒底上通常没有什么变化，主要结构变化体现在盒体和盒盖。最突出的特点是其折叠成型的过程中无需粘贴，成型后的纸盒还可随时还原为平面展开结构，且不会对盒体产生破坏，这是盘式折叠纸盒的优势。

盘式包装的主要成型方法：

（1）**别插组装**：没有黏接和锁合，使用简便。

（2）**锁合组装**：通过锁合使结构更加牢固。

（3）**预黏式组装**：通过局部的预黏，使组装更为简便。

3. 盘式折叠纸盒的锁合方式：

常用盘式折叠纸盒的侧边上的连接锁口的结构图，如图2-44所示。

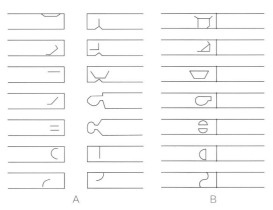

图2-44: 直接插入式锁口结构（A为 连接前，B 为连接后）

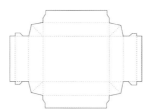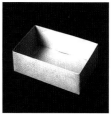

图2-45: 别插式折叠盘式纸盒结构

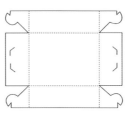

图2-46: 锁合式折叠盘式纸盒结构

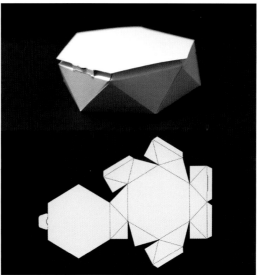

图2-47: 多面割切盘式折叠纸盒结构　沈言

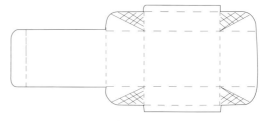

图2-48: 合角黏合折叠盘式纸盒结构平面图

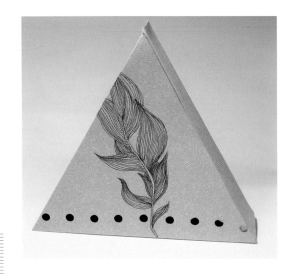

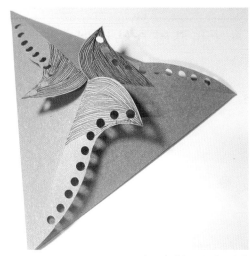

图2-49: 三角形盘式折叠纸盒　朱潇

图2-50: 六面体系绳盘式折叠纸盒　朱文钦

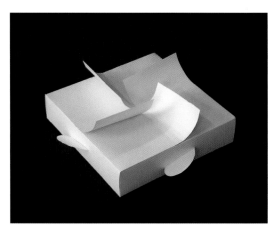

图2-51: 四片相互插接盘式折叠纸盒　王升

课程重点把握:

盘式结构最突出的特点是在折叠成型过程中无需粘贴,成型后的纸盒又随时可还原为平面展开结构。盘式折叠纸盒是由一张纸板以盒底为中心,四周纸板运用不同锁合方式进行折叠成盒型。如果需要,这种盒形的一个体板可以延伸组成盒盖。与管式折叠纸盒所不同,这种盒型在盒底几乎无结构变化,主要的结构变化在盒盖与盒体位置。

课程实践设计训练二：
盘式折叠纸盒结构创意表现

设计与制作要求

（1）**实验要求**：以扁平的食品和纺织品为设计对象，设计实践探索盘式折叠纸盒包装结构。

（2）**实验方法**：通过划痕、裁切、插接等折叠成型。设计制作盒盘式折叠纸盒，主要对盒盖与盒体进行创意设计变化，底部保持完整，盒角采用锁合法插接完成，特殊需要时可粘贴。如图：2-52、53、54、55、56所示。

（3）**训练目的**：掌握盘式折叠纸盒结构具有一纸成型、随时可以还原为平面的特点，熟练运用锁合方法插接成型，避免黏合剂的使用，设计变化丰富多样的盘式结构。

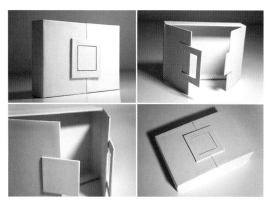

图2-53：插扣式盘式折叠纸盒　刘诗悦

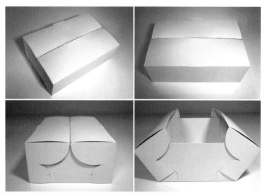

图2-54：左右摇盖折叠盘式纸盒　刘诗悦

图2-55：罩盖式盘式折叠纸盒　谢荷青

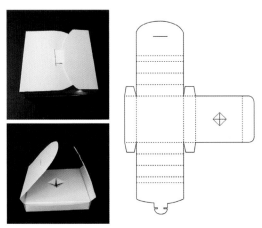

图2-52：对盖插入式的盒盖折叠盘式纸盒　叶玉东

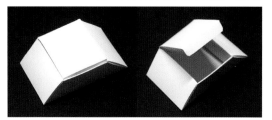

图2-56：摇盖式梯形盘式折叠纸盒　刘康敏

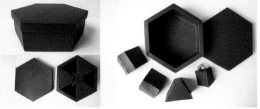

图2-59: 帽盖式折叠盘式纸盒　刘红影

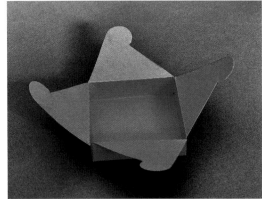

图2-57: 连续摇翼插接的折叠盘式纸盒　胡赫南

图2-58: 心形盘式折叠纸盒　温源

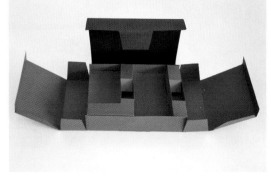

图2-60: 礼盒盘式折叠纸盒　严岚

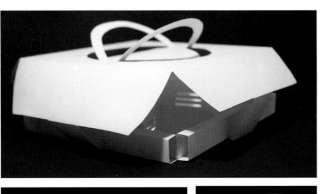

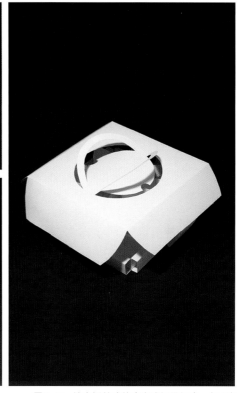

图2-61: 镂空摇盖式礼盒盘式折叠纸盒　白思淼

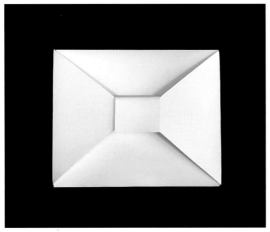
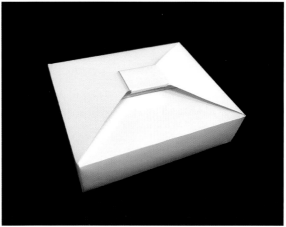

图2-62：便当包式盘式折叠纸盒　陈婧泓

图2-64: 钻石形镂空盘式折叠纸盒　沈言

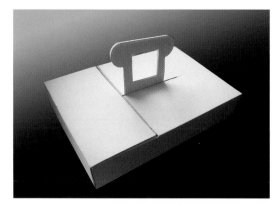

图2-65: 手提式盘式折叠纸盒　杜晓

图2-63: 摇盖式梯形盘式折叠纸盒　丁宇

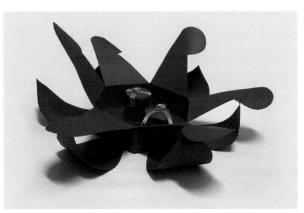

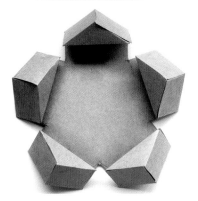

图2-66: 荷花形态盘式折叠纸盒　肖敏军

图2-68: 五边形盘式折叠纸盒　何浏清

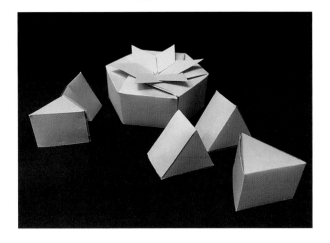

图2-67: 连续别插接式盘式折叠纸盒　周瑾

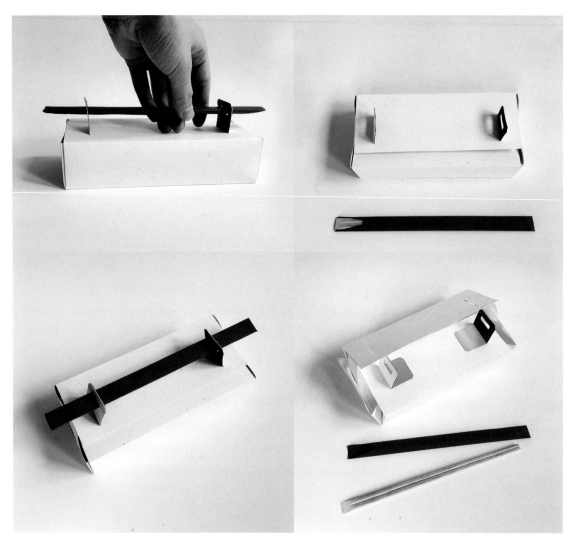

图2-69：手提式盘式折叠纸盒　蒋晓燕

总结分析：

盘式折叠纸盒结构是在一张完整的卡纸上完成的，四边以直角或斜角折叠成主要盒型，盒盖位于最大盒面上，在角隅处进行锁合或黏合。在设计过程中尤其需要重视纸盒底部延伸到面板与盒盖之间的关系处理，顶盖的创新设计是盘式折叠纸盒能否吸引消费者的关键所在，也是盘式折叠纸盒在设计形式上千变万化的重点。

三、组合式折叠纸盒结构的形态特征

组合式折叠纸盒结构就是将两个或多个不同形态结构纸盒或相同形态结构纸盒组合在一起，形成一个完整的、全新的创意大包装，分开时又是独立的小型纸盒，还可自由地组合成变化丰富的多形态结构纸盒。组合式折叠纸盒结构变化多端、极具挑战、创意十足，能满足丰富自由的想象力。组合包装的优势是：可将几种不同类型的商品种类组合包装在一起，使各种商品组合集中，便于消费者一次购买多种商品，也便于商品陈列展示。

组合结构的方式有：叠拼式组合结构、连体式组合结构、交互式组合结构（咬合式组合结构、榫卯式组合结构等）。

1. 组合式纸盒主要结构：

（1）**叠拼式组合**：设计两个或多个造型规格统一或大小不一的纸盒，任意排列组合可构成一个或多个造型新颖的大组合创意纸盒结构。

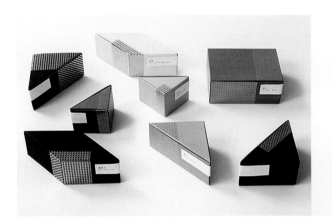
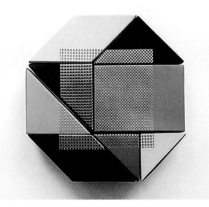

图2-70：叠拼组合式折叠纸盒包装

（2）**连体式组合**：通过在一张纸板上切割、折叠的方法成型两个或两个以上既独立又连体的包装。其特征是盒与盒之间共用一个面进行相互连接、相互依存，还可以节约一个或多个面的材料。该形态结构合理实用，材料高效利用，具有外观新颖、经济实用、组装方便等特点。商品运用连体式组合结构的优势是可将不同种类或不同规格的商品进行分区包装，整洁明了，使用方便。如图2-71所示。

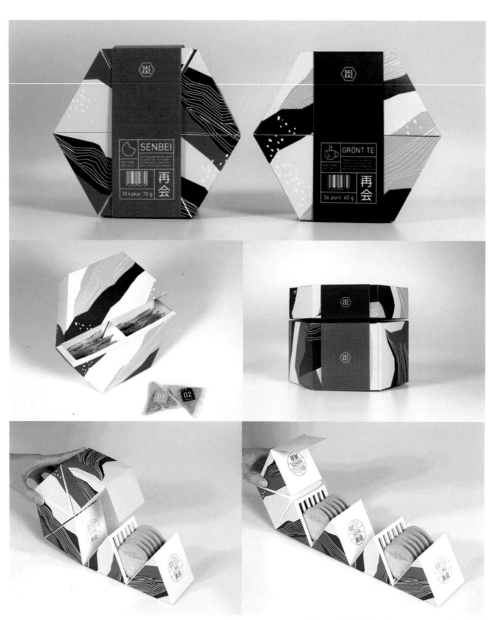

图2-71：连体组合式——SAIKAI饼干包装

（3）**交互式组合**：将建筑中的榫卯结构、游戏中的拼图结构、机械传送中的齿轮咬合结构应用到包装创意中的一种特殊式结构。设计采用凹凸结合方式，通过在卡纸上进行设计分割、剪切、折叠、镶嵌、插接等方式进行设计制作组合，由简单的插接方式衍生变化出灵巧生动的交互式结构，其结构创意精妙神奇、变化无穷、形态多样。这种交互式结构属于包装设计中高难度的结构类型。

① 榫卯式结构：运用中国传统建筑中的榫卯结构元素（凸—榫、凹—卯），在包装设计中设计凹形和凸形纸盒，再结合榫卯结构进行拼装，可以衍生变化出各种形态变化的创意结构。

图2-72：榫卯交互组合式折叠纸盒　何浏

② 拼图式结构：拼图游戏是广受欢迎的一种智力游戏，它变化多端、难度不一、百玩不厌。将拼图样式用在包装结构设计上，即把平板拼图样式转化为立体形态，再设计制作可相互插接咬合式的纸盒，组装出可存放物品的封闭式的纸盒。如图2-73所示：这是一组高难度的组合结构设计，纸盒主体为一纸成型的连体结构设计，一纸成型的难度在于计算和制作都不能有偏差，否则不能完全咬合在一起。

图2-73：拼图式组合式折叠纸盒　吕倩倩

课程实践设计训练三：
组合式折叠纸盒结构创意表现

设计与制作要求

（1）**实验要求**：设计制作连体式组合和交互式组合结构，设计时发挥丰富的想象力，设计多种形式的组合结构，连体式组合结构纸盒必须一纸成型。

（2）**实验方法**：首先规划设计一个整体的组合结构，然后进行分割，在卡纸上反复计算正确尺寸，再将每个纸盒结构仔细推敲计算。通过运用分割、剪切、折叠、镶嵌、插接等方法进行组合，所有插接部分都必须是一个完整的纸盒。在设计时所需注意的要点：内盒的规格要略小于外盒；选择的纸张要有韧性，折叠时不易断裂，避免在插接时变形；特别要注意纸盒之间大与小、多与少、高与低、长与短关系的巧妙组合，咬合插入部分吻合无明显缝隙和高低落差，最后完成一组全新的创意结构纸盒。

（3）**训练目的**：大胆创新运用建筑中的榫卯结构、拼图游戏结构、链条咬合结构的元素，勇于突破常规，探索全新的包装结构，培养独立思考自主创新的能力，将不同领域的结构特色融合在包装设计中，从平面拼图游戏到立体榫卯结构，通过跨界融合创新对包装设计的结构有全新的认识和突破，设计出独一无二、极具个性的包装。

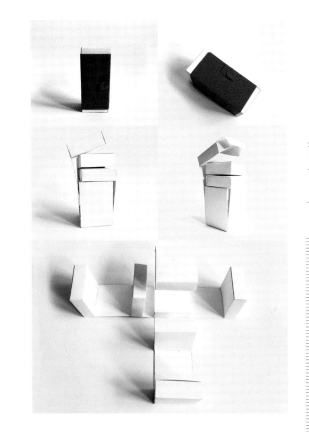

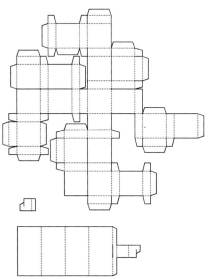

图2-74：七层连体式组合包装及结构图　蒋晓燕

图2-75: 多种组合连体式包装纸盒　朱君琪

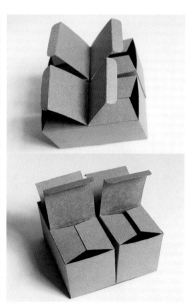

图2-76: 四个正方形连体式组合纸盒　汤锦

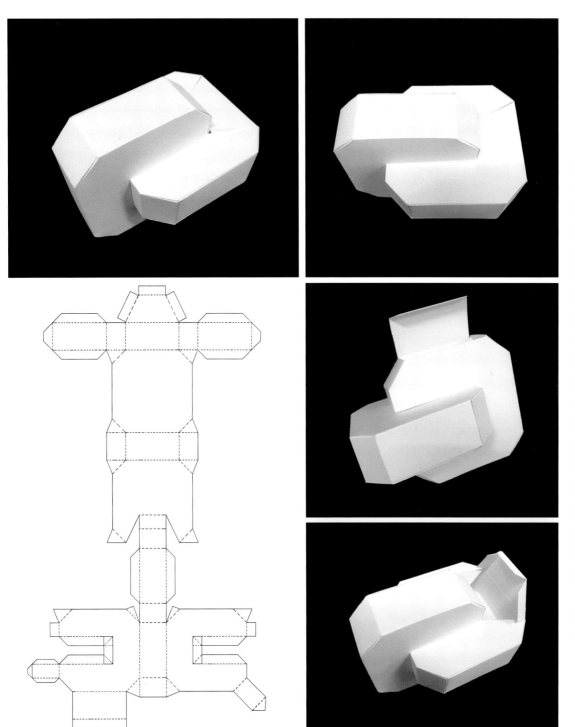

图2-77: 双开口连体式组合纸盒及结构图　陈婧泓

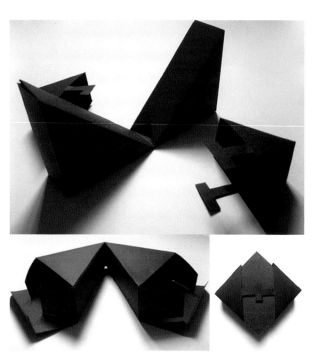

图2-79: 连体三角式组合纸盒 王丰艺

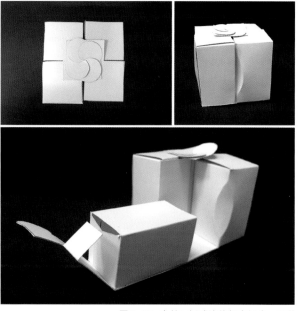

图2-78: 立方体连体式纸盒 苏真

图2-80: 盒盖互插式连体组合纸盒 周瑾

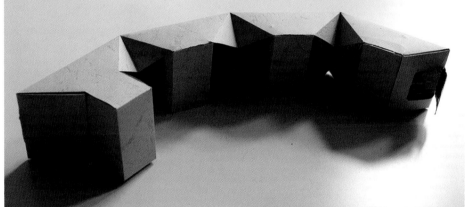

图2-81: 包围式连体组合结构纸盒　贺晓琴

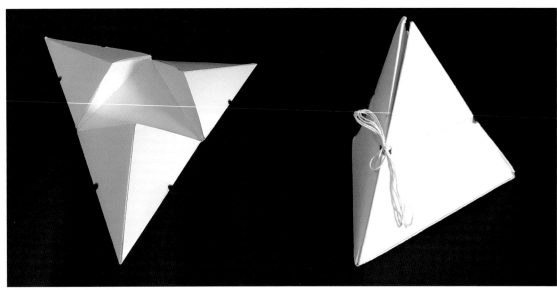

图2-82: 三角形连体式组合结构纸盒　唐沁炜

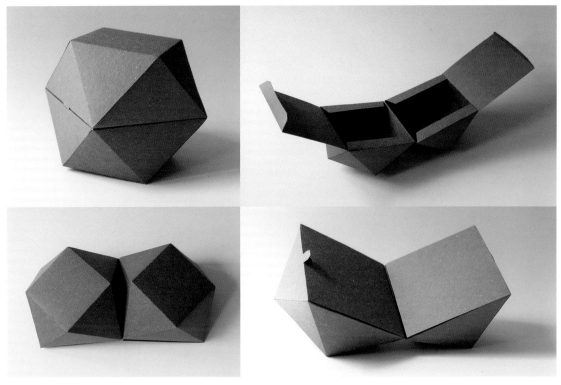

图2-83: 多面体连体式组合结构纸盒　胡洪

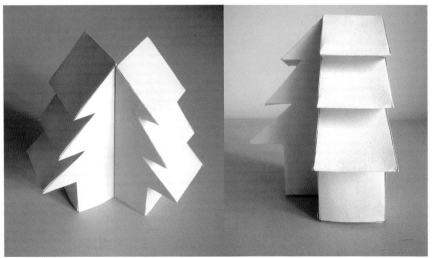

图2-84: 圣诞树形组合式纸盒　蔡骊

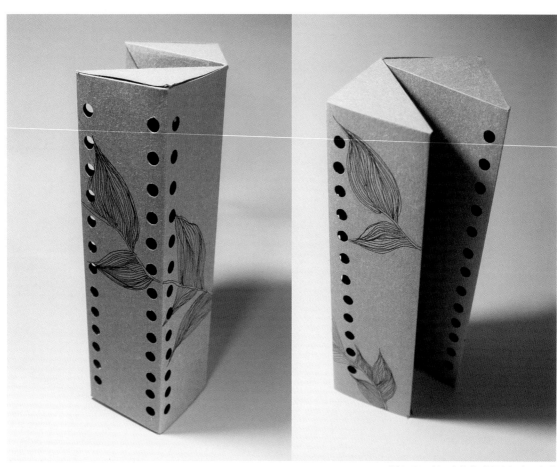

图2-85: 长三角连体式组合纸盒　朱潇

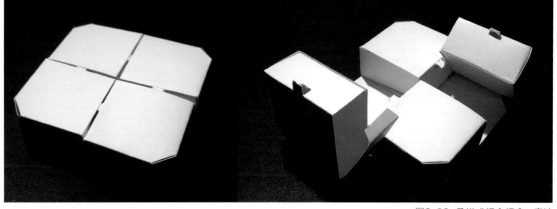

图2-86: 叠拼式组合纸盒　唐诗

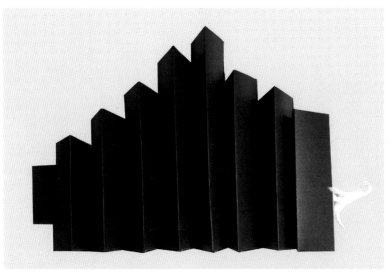

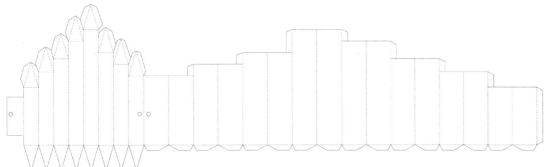

图2-87: 高低错落连体折叠纸盒及结构图　樊晓颖

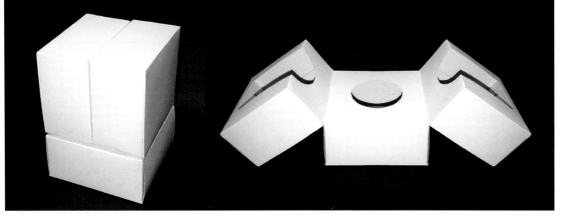

图2-88: 双摇盒连体折叠纸盒　丁宇

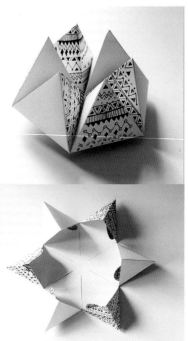

图2-89: 六个三角锥形连体式组合纸盒　赵文竹

图2-90: 咬合式连体组合结构纸盒　赵文竹

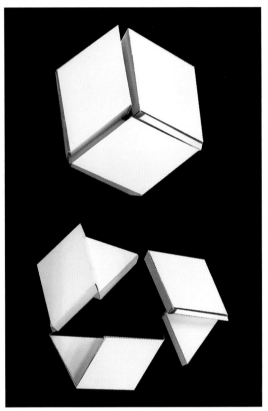

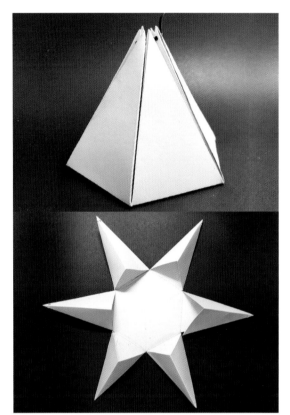

图2-91: 错落式组合结构纸盒　李晓龙

图2-92: 六角锥形组合结构纸盒　楼嘉怡

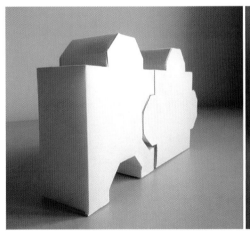

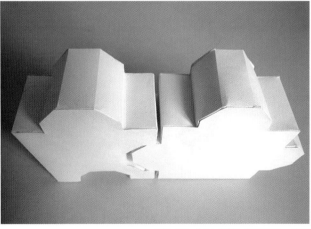

图2-93: 交互式组合结构纸盒　蔡骊

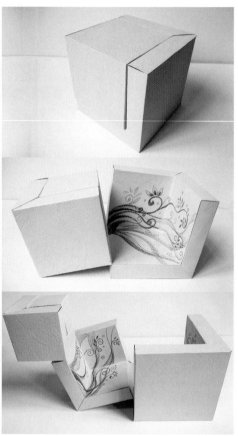

图2-94: 多层连体组合式纸盒　刘红影

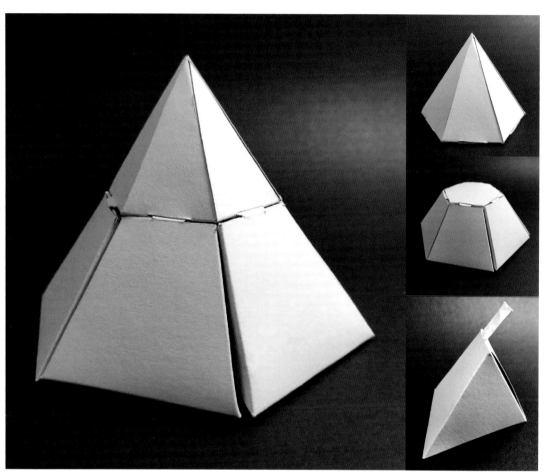

图2-95: 叠拼式六角锥形组合结构纸盒　楼嘉怡

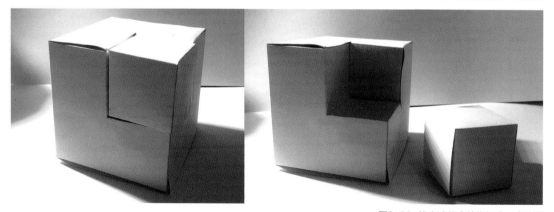

图2-96: 填充式组合结构纸盒　戎玲增

图2-97: 咬合式结构纸盒　胡洪

图2-98: L形咬合式结构纸盒　朱君琪

图2-99: 叠拼式组合结构纸盒　李文漪

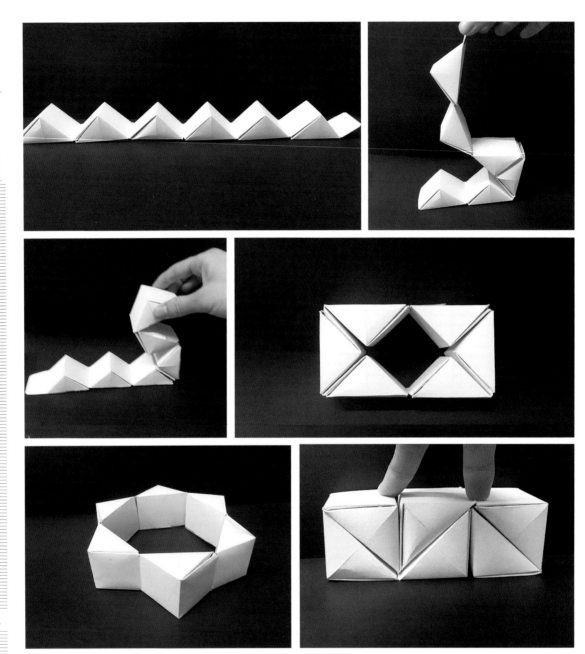

图2-100: 齿轮咬合连体式组合结构纸盒　周瑾

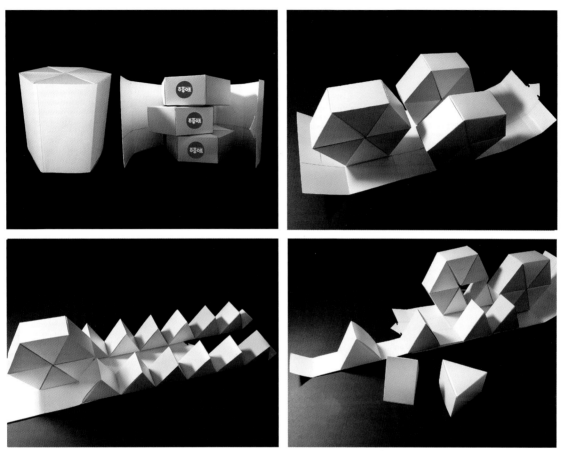

图2-101: 齿轮咬合连体六边形组合结构纸盒　叶玉东

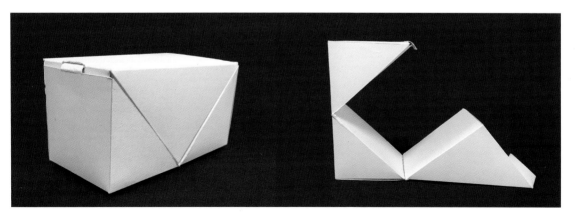

图2-102: 齿轮咬合连体三角形组合结构纸盒　周洁

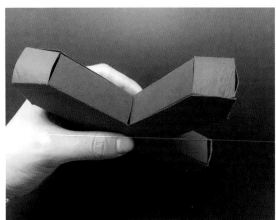

图2-103: X形交互镶嵌式组合结构纸盒　朱佳玲

图2-104: 榫卯式插接组合结构纸盒　黄文慧

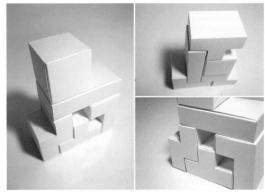

图2-105: 积木式组合结构纸盒　刘诗悦

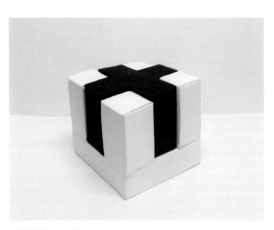

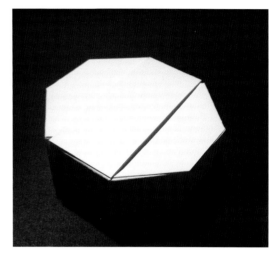

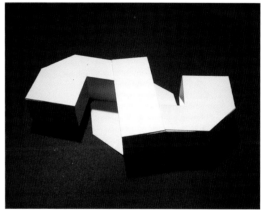

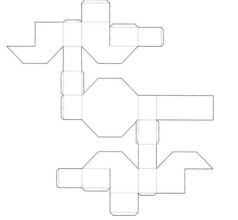

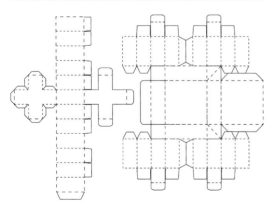

图2-106: 十字交互镶嵌式组合结构纸盒及结构图　谢荷清

图2-107: 八边形交互结构纸盒及结构图　唐诗

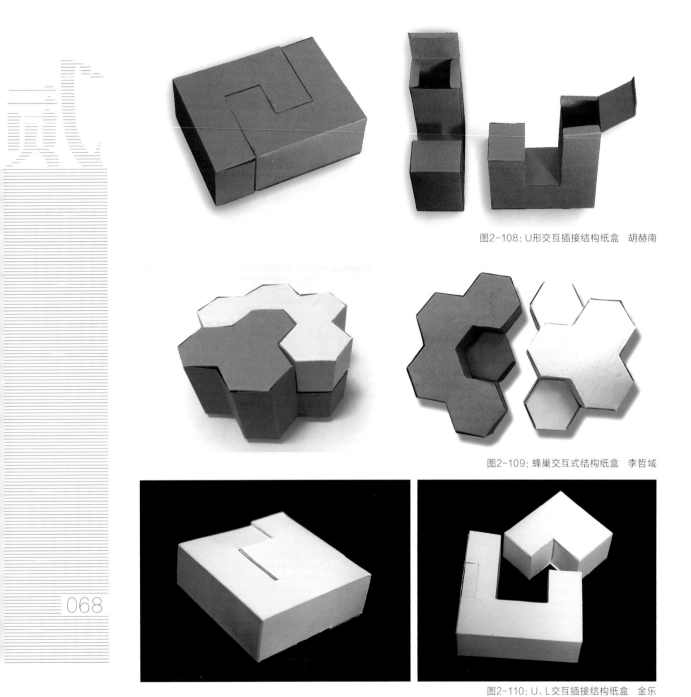

图2-108: U形交互插接结构纸盒　胡赫南

图2-109: 蜂巢交互式结构纸盒　李哲域

图2-110: U、L交互插接结构纸盒　金乐

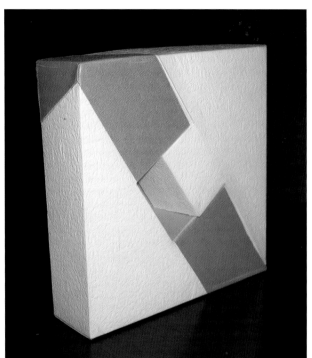

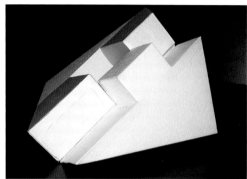

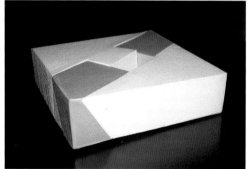

图2-111: 双箭头形交互插接结构纸盒　赵洪云

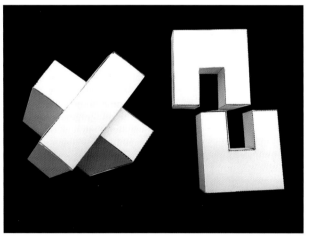

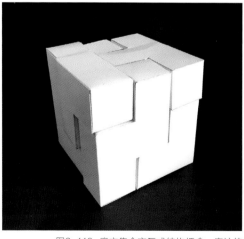

图2-112: U形交叉交互结构纸盒　李晓龙　　　图2-113: 魔方集合交互式结构纸盒　唐沁纬

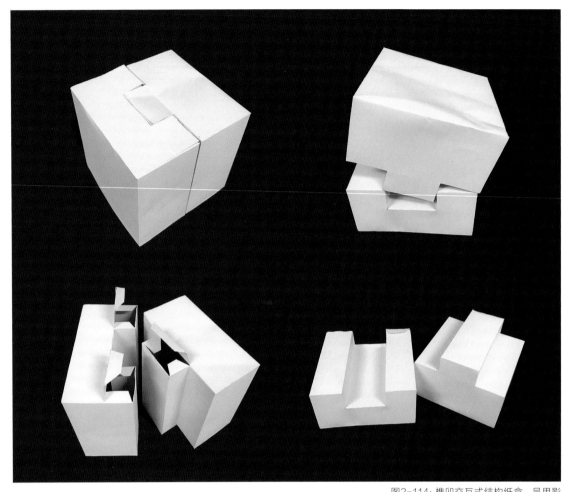

图2-114: 榫卯交互式结构纸盒　吴思影

课程重点把握：

组合式包装结构的难点在于处理交互、咬合、穿插、组合结构之间的关系，这不仅关系到纸盒结构造型，同时也能展示纸盒包装结构的多样化和个性化。在设计时要反复计算尺寸，特别要注意纸盒之间多与少、高与低、长与短的巧妙组合，裁切后拼成一个完整的纸盒，咬合插入部分吻合无明显缝隙和高低落差，所有插接的部分都是一个独立完整的纸盒。掌握了这种高难度的组合结构设计方法，不仅使纸盒结构产生丰富的变化，还能轻易应对各种类型的包装结构设计。

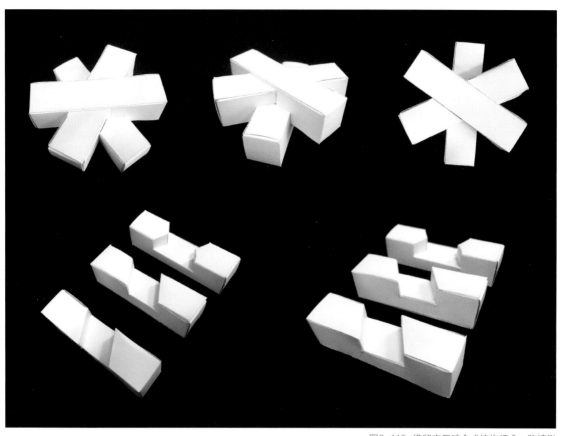

图2-115: 榫卯交互咬合式结构纸盒　陈婧泓

总结分析：

中国建筑中的榫卯结构由简单的几个榫卯互相结合、互相支撑、一阴一阳、一盈一亏、互补共生，这是中国人在造物过程中集大智慧的体现，在令人惊叹的技术背后蕴藏着丰富的结构与和谐之美，是一种超乎寻常的技术与艺术的完美结合。"榫卯"的精妙神奇及其变化无穷的魅力，体现的是中国古老文化和传统智慧。

组合包装结构借鉴跨界元素融合巧妙运用咬合、穿插、镶嵌等多种结构形式，提供了一种概念设计新思维，通过应用在纸盒包装结构设计上的实践训练，将繁复的交互式结构的概念设计从感性和瞬间思维上升到统一的理性思维，从而完成整个设计。这正是现代包装结构创新设计思想上的新演绎，希望引起更多人的思考和启示。

四、特殊式折叠纸盒结构的形态特征

特殊式折叠纸盒是指不同于管式与盘式结构盒的造型，也就是除方形和圆形以外的特殊结构造型。它包括变形盒类和仿生盒以及不规则的异形盒等。如图2-117所示为一组连体组合式建筑别墅形态结构纸盒。

1. 特殊折叠纸盒的主要结构

（1）仿生式：仿生设计是人们从大自然中获取灵感，通过研究仿生设计中的"形态""结构"等特征，总结出仿生设计的思维方法，再模拟运用生物的形态、结构、功能等特征原理来研制包装结构。仿生在包装中的使用，可突破现有的常规设计，开发出更多充满趣味的包装样式，促进包装设计的发展。仿生元素的运用使包装设计具有人性化、情感化，使人们在审美情趣上和自然美上寻找到一个平衡点，来满足人们的精神需求。如图2-116、117所示。

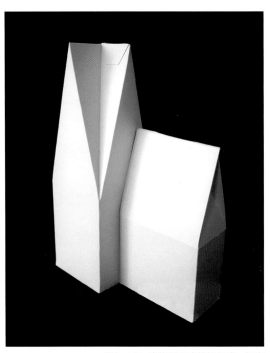

图2-117: 连体别墅式结构纸盒　胡寅

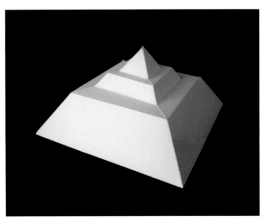

图2-116: 金字塔式结构纸盒　胡寅

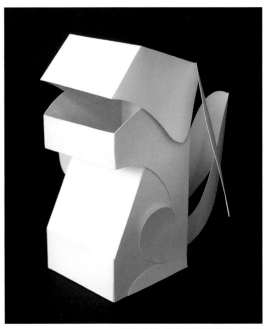

图2-118: 仿生狗结构纸盒　胡寅

图2-119：可收缩纸盒结构　蒋晓燕

（2）**异形式**：指异于一般类型，表现多种不同形状或怪异奇特的形状的包装结构。

2.特殊折叠纸盒的构成要素

特殊式折叠纸盒结构是指不同于管式和盘式结构盒的造型，但它又是在管式和盘式的基础上发展而来的另一种特殊的形态，包括仿生式、异形式、变形式等。如图2-119所示：一个较为特殊的纸盒结构，在盒体表面进行了分割，反复折叠形成弹簧状，该结构在使用时可根据内装物进行伸缩变化。

特殊结构包装的主要成型方法：

（1）**异形结构**：运用直、曲线对包装形态进行变形、扭曲、弯折等方法进行切割形成异形结构形态。

（2）**仿生象形式**：直接模仿生物的结构形态。

图2-120：几何分割异形手提袋结构纸盒

课程实践设计训练四：
特殊式折叠纸盒结构创意表现

设计与制作要求

（1）**实验要求**：运用模拟法和变异法，在卡纸上对盒体进行分割和折叠产生新形态。重点设计盒体的形状、部位、大小的特殊变化，最终产生特殊的、多变的形态结构。

（2）**实验方法**：

①模拟法：以自然界中自然形态或人工形态为设计依据，进行模仿创作，以得到有趣生动的造型结构。

②变异法：在盒体的面与棱角处除了水平、垂直方向外，可做倾斜、扭转等变化，设计不种形态的结构纸盒，最后产生特殊的、具有新奇感的创意结构纸盒。

（3）**训练目的**：学会模仿自然形态和有机形态，是培养观察力和造型能力的有效手段，在通过对模仿和变异制作的过程中，总结自己内心的体会、感悟，选择适合的表现手法，创作出源于生活又高于生活的艺术包装作品，也是对包装结构设计的认识和突破。

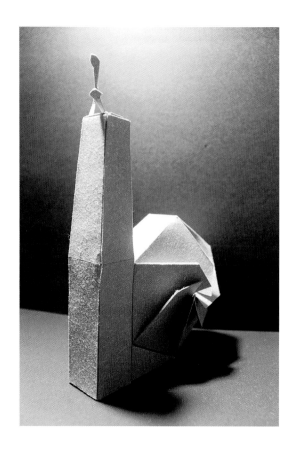

图2-121: 蜗牛、蚂蚁式象形结构纸盒　黄彤彤

图2-122: 异形式结构纸盒　李成妹

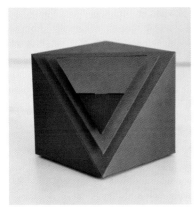

图2-123: 异形式结构纸盒　严岚

075

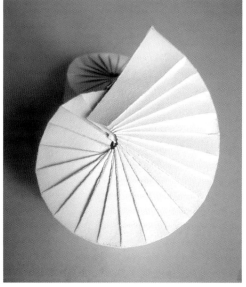
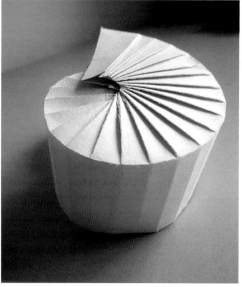

图2-124: 海螺式异形结构纸盒　蔡骊

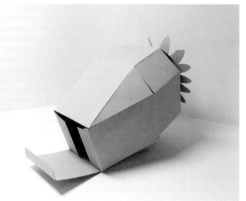

图2-125: 草莓式结构纸盒　朱安琪

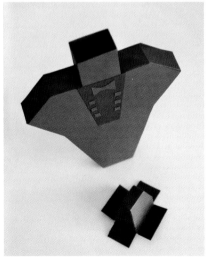
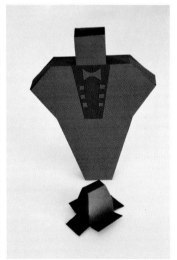

图2-126: 人物式结构纸盒　严岚

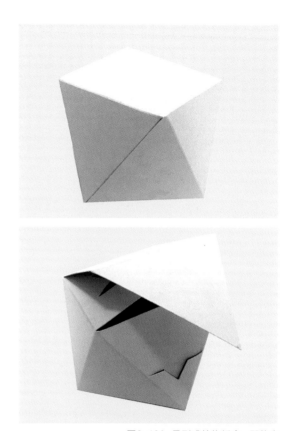

图2-128: 异形式结构纸盒　邵佳奇

图2-127: 仿生手提式结构纸盒　郭天舒

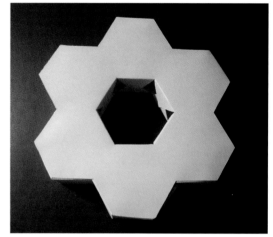

图2-129: 仿生式结构纸盒　徐思娇

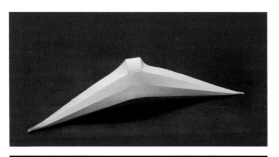

图2-130: 大鹏展翅式结构纸盒　杨琦薇

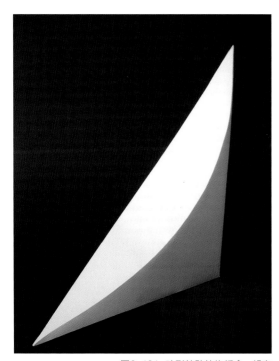

图2-131: 叶形粘贴结构纸盒　胡寅

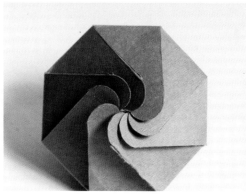

图2-132: 连续别插式异形结构　汤锦

课程重点把握及总结分析：

异形结构设计的关键首先是形态的把握，其次是对各部位进行直线、曲线切割、折屈、旋转、凹入等手法的运用；还要注意局部减缺，增添、翻转、压屈都能体现较好的效果。仿生结构巧妙运用"模拟法"，直接模仿某一对象形态运用在包装形态上，以增强商品的直观效果，吸引消费群体。商品包装中的特殊结构，反映了五彩缤纷的现实生活，丰富和满足了我们对个性化、多样化的需求，面对当今消费追求个性的时代，创意包装应是这个时代的一个重要体现。

叁

材料应用

第一节 纸的发明与应用

第二节 纸盒包装材料的分类

第三节 纸材料的性能

第四节 纸材料的绿色环保

纸作为现代包装中使用最多的一种材料，主要用于制作纸箱、纸盒、纸袋、纸质容器等包装制品。纸类包装材料具有减少空气污染，净化环境、再循环使用、节约成本等优点，是首选的包装材料。随着整个国际市场对包装物环境保护性要求的日益提高，纸包装成为最有前途的绿色包装材料之一。纸包装被广泛应用，并将部分取代塑料包装材料在包装上的应用，以解决塑料包装所造成的环境问题。

第一节 纸的发明与应用

纸，用植物纤维制造，能任意折叠用于书写、绘画、印刷、包装等的片状物。

大约在公元前三千年，古埃及发明一种叫"纸莎草纸"的草纸（"莎草纸"并不是现今概念的"纸"，它是对纸莎草这种植物做一定处理而做成的书写介质，类似于竹简的概念，但比竹简的制作过程复杂），这是人类最早的类似纸的材料，莎草纸比蔡伦发明的纸要早近1500年。

图3-1：埃及最古老的莎草纸

第一张真正意义上的纸是由东汉时期宦官蔡伦总结西汉以来的造纸技术并加以改进而来，开创了以树皮、破布、麻头、渔网为原料，并以沤、捣、抄一套工艺技术，造出的达到书写实用水平的植物纤维纸，被称为"蔡侯纸"。从此，纸逐步取代了竹木简和帛，成为主要的书写材料。蔡伦虽然不是造纸第一人，但是他组织并推广了高级麻纸的生产和精工细作，促进了造纸术的发展。蔡伦造的纸不论是在工艺上还是在材料上都更接近现代的造纸技术，欧洲到了几百年后才由阿拉伯人将造纸术传入。而中国所发明的造纸术，打破了植物纤维的原有排列，使之重新无规则交叉排列，制作出来的是真正的"纸"。

纸的出现改变了人类的书写材料，使文字有了新的承载体，结束了先祖在石壁、兽甲骨、竹木简和帛上书写的历史。从此，纸运用到生活的各种物品的包装中。随后，造纸技术不断改进，加上染料的彩色包装纸，加上蜡制成有防油、防潮功能的包装纸等，大量地运用在商业活动中。

造纸原料有植物纤维和非植物纤维（无机纤维、化学纤维、金属纤维）两大类。但主要还是以植物纤维为主，一些经济发达国家所采用的是针叶树或阔叶树木材。后出于爱护森林和保护环境的目的，造纸材料已逐渐扩大到草类植物：麦草、稻草、芦苇、芒秆、龙须草、高粱秆、蔗渣等；韧皮纤维类：亚麻、黄麻、洋麻、檀树皮、桑皮、棉秆皮等；毛纤维类：棉花、棉短绒、棉破布等和废纸纤维类。这些用不同材料加工出来的纸张具有不同的肌理效果，至今在中国云南、泰国清迈等其他中南亚国家以及非洲国家还保留着原始的造纸技术，如图3-2所示。

图3-2：云南手工纸

纸张的发明和应用，对人类文明的进步起到了巨大的推动作用。纸张不仅是书写的理想材料，也是印刷的理想材料。因此，纸张的发明为印刷术的发明提供了良好的条件。

第二节 纸盒包装材料的分类

在众多的包装材料当中，纸质轻而软、原料来源广泛、成本低廉、品种多样，加工极为方便，经济实用，适合机械化大规模生产。按功用可分为普通包装纸、特殊包装纸、食品包装纸、商品印刷包装纸等。包装盒常用的纸张：牛皮纸、瓦楞纸、白卡纸、灰卡纸、箱纸板、特种纸、糖果纸等等。

（1）**牛皮纸**：是坚韧耐水的包装用纸，抗撕裂强度很高。通常呈黄褐色、棕黄色，用途很广，可分为包装牛皮纸、防水牛皮纸、防潮牛皮纸、防锈牛皮纸、打版牛皮纸、制程牛皮纸、绝缘牛皮纸板、牛皮贴纸等。常用于制作纸盒、纸袋、信封、唱片套、卷宗等。坚韧耐水是牛皮纸的重要特点，大部分的牛皮纸产于美国、加拿大、斯堪的纳维亚。半漂或全漂的牛皮纸浆呈淡褐色、奶油色或白色。原始的牛皮纸可被漂白成不同的灰色甚至白色，均适合制作成大型运载的大包装纸袋。牛皮纸通常有二到七层，在特殊的情况下，由于防潮的需要可将塑料和金属箔加工到其袋内，这种复合结构的大包装袋特别牢固，常用于装载建筑水泥、化工产品以及谷物和饲料等。精制牛皮纸是普通牛皮纸的改进型产品，色泽浅而鲜明，外观洁净、平滑度高，强度好，精制牛皮纸印刷效果好。现在较好的信封和资料袋都是用牛皮纸制作的，如图3-3、4、5所示。

（2）**瓦楞纸**：早在130多年前，英国人爱德华·希利和爱德华·艾伦兄弟发明了在纸上加压成波纹瓦楞，作为帽子的内衬用来吸汁。1858年，英国有了第一项制造瓦楞纸的专利。1871年，美国人阿伯特·琼斯用单面瓦楞纸包装玻璃瓶，并取得了专利。当时使用的都是单面瓦楞纸，直到19世纪

图3-3：2018Pentaward金奖包装

图3-4：将军湖大米包装　谭小雯

图3-5：甲壮元养生食材包装　谭小雯

末，美国人才开始研究用瓦楞纸制作包装运输箱。1914年，日本开始生产纸箱，1920年双瓦楞纸板问世，其用途得以迅速扩大。第一次世界大战期间，木箱在运输包装中占80%，而纸箱只占20%。在第二次世界大战时，纸箱在运输包装箱中一跃占到80%。我国瓦楞纸箱起步较晚，1954年才开始推广使用。瓦楞纸箱作为运输包装，具有成本低、重量轻、加工易、强度大、易于回收处理等特点。瓦楞纸是由挂面纸和通过瓦楞棍加工而形成的波形的瓦楞纸黏合而成的板状物，一般分为单瓦楞纸板和双瓦楞纸板两类，瓦楞纸板是由面纸、里纸、纸芯和加工成波形瓦楞的瓦楞纸通过黏合而成。按照瓦楞的尺寸分为：A、B（运输外包装箱）、C（啤酒箱）、E（单件包装箱）、F（微型瓦楞）五种类型。由于使用瓦楞纸板制成的包装容器对美化和保护内装商品有其独特的性能和优点，因此，在与多种包装材料中的竞争中占得了极大的优势，是当今世界各国所采用的最重要的包装材料之一。如图3-6所示：这是一款着墨极少的包装，整个包装由一张切割完整的瓦楞纸折叠而成，无需粘贴，大大减少了人工制作的成本，而环保、轻质、疏松的

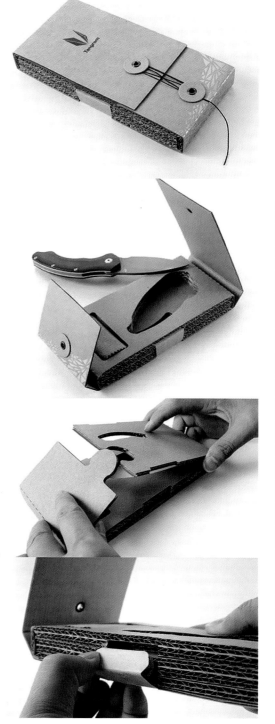

图3-6：2018iF设计金奖——Tangram刀具创意包装

材料选择，提升了产品包装的轻便型和抗压性，便于产品运输。

（3）白卡纸： 白卡纸是一种较厚实坚挺由纯优质木浆制成的白色卡纸，一种完全用漂白化学制浆制造并充分施胶的单层或多层结合的纸，一般区分有：蓝白单双面铜版卡纸、白底铜版卡纸、灰底铜版卡纸。白卡纸质地较坚硬，薄而挺括，纸面色质纯度较高，具有较为均匀的吸墨性，有较好的耐折度，用途较广，如做各种高档包装盒，这种卡纸的特征是：平滑度高、挺度好、整洁的外观和良好的匀度，适于印刷和产品的包装。分为A、B、C三级，一般有200克、250克、280克、300克、350克、400克白卡纸，不同克数的白卡纸所起的作用也不尽相同。如图3-7所示：SAS Cube是SAS北欧航空全新的飞机餐概念，这个独特的立方体设计将带来一种简约而优质的纯正北欧餐饮体验。设计灵感来自斯堪的纳维亚的自然风景和文化，外观使用了令人舒缓的白色，上面绘着沉静而优雅的挪威山脉、丹麦海岸和瑞典森林自然的图案。打开这个立方体的餐盒，就像在拆封一个崭新的手机包装或者是一盒高级巧克力，设计非常精致，且其符合

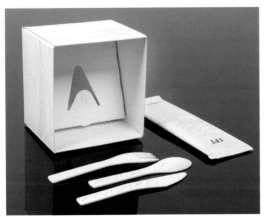

图3-7：2018The Dieline Awards全球奖包装

乘客使用需求的设计，令使用过程更加方便，考虑到飞行时的空间局限问题，留出可以让乘客得以继续工作、阅读或看电影的空余位置，每一个细节里都透出设计者恰如其分的关怀。

（4）**灰卡纸**：常用于包装盒，因其背面为灰色，而俗称灰卡纸。这种纸板适合用于单面印刷的纸盒，密度远低于白卡纸，也经常用于裱坑纸，做成俗称的纸板，这样做成的包装盒对产品更有保护性。

（5）**箱纸板**：又名麻纸板，专供制作外包装纸箱用的比较坚固的纸板。表面平滑，色泽呈淡黄或浅褐，有较高的机械强度、耐折性和耐破性，分普通和高级两种。普通的用化学未漂草浆为原料，高级的则掺用褐色磨木浆、硫酸盐木浆、棉浆或麻浆等，箱纸板用途广泛。

（6）**特种纸**：一般指纸质好，价格贵，具有特殊用途的、产量比较小的纸张。特种纸的种类繁多，是各种特殊用途纸或艺术纸的统称，而现在销售商则将压纹纸等艺术纸张统称为特种纸。由于特种纸应用范围广泛，性能及附加价值高，但国产率低。

（7）**糖果纸**：是一种被大量用于包装的纸材料，一种经过印刷包装图案、涂蜡加工后供包装糖果的薄纸。它具有良好的抗水性和不透气性，除用于糖果包装外，还供面包等食品的防潮包装。

纸包装材料无毒、无味、无污染，安全卫生，经过严格的工艺技术条件控制生产的各种不同品种的纸包装材料，能够满足不同商品的包装需求，还不会污染包装内容物。因此纸在食品包装中用量最大，占到整个包装业的70%左右。食品包装纸

图3-8：2017Pentawards银奖——北极狐品牌包装

图3-9：2018The Dieline Awards全球奖包装

图3-10：2017Pentawards金奖包装

因其包装的大部分都是直接入口的食品，与食品直接接触，所以选择食品包装的材料必须满足无毒、抗油、防水防潮、密封等要求。在各类食品包装材料中，塑料具有轻便、廉价和良好的阻隔性等特点，在食品包装市场中历来占有很大的份额。但由于塑料对人体健康的有害性和极难自然降解性，造成严重的环境污染，使其在食品包装领域的进一步发展受到限制。近年来，全球环保呼声日益高涨，开发食品包装纸已成为食品和包装行业的共识。

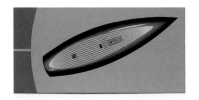

在纸包装设计中，我们尤其要注意了解和熟悉材料的性能，如张力、抗撕力、柔软度、厚度、耐折性、光滑性、承重性等，只有充分地认识和掌握材料性能，才能设计出适合生产的包装结构造型。在选择纸材料时要慎重考虑产品的特性以及产品对包装的要求，必须注意包装的保护性、安全性、操作性、方便性、商品性和流通性。另外，还要考虑商品的用途、销售对象和方式、运输条件等。在设计中出于成本的因素，还应注意纸板的尺寸和合理利用材料，减少浪费。对材料的认识除了从书本文字资料中得以了解，更重要的是要通过具体实践，对各种结构进行强度、冲裁等适应性试验，只有这样才能把握结构设计与材料的合理关系。如图3-11所示的竹叶酒包装，采集大山竹叶清晨的露珠酿就的天然琼浆，每一滴酒水都饱含着竹叶的芳香，为强化消费者的直观感受，将整个酒瓶设计成竹叶的造型，附赠的小酒杯设计成竹节的造型，外盒包装采用当地竹叶压缩的天然纸浆制成，生态环保，可自然降解，外盒开窗露出竹叶瓶，整个包装就仿似一片竹叶从竹子上长出来，便于产品在终端上的各种趣味性展示。

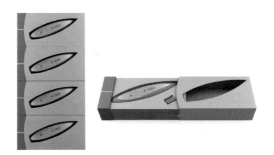

图3-11: 2018德国iF设计奖——Zeli Liao竹叶酒包装

第三节　纸材料的性能

由于纸张的可塑性能及其加工的便利性，纸和纸板为材料在包装领域发挥着重要的作用。

一、优点

纸和纸板的生产原料天然生长、来源丰富、生产成本低；安全卫生、贮运方便、绿色环保、可回收处理再生；印刷装潢适性好、复合加工性能好、缓冲性保护能好、方便大量生产使用；易于裁切、折叠、黏合或钉接，可以根据商品要求做出形状各异、功用不同的纸箱、纸盒、纸袋等包装容器，既适合机械化加工和自动化生产，又可以通过手工制造出造型优美的包装；还具有隔热、遮光、防潮、防尘的功能，能很好地保护内装商品。纸表面平整，可以印刷精美图案，有利于促销，尤其在超市货架上，印刷装潢精美、造型独具特色的商品更能刺激消费者的购买欲。如图3-12所示。

二、缺点

造纸的生产过程需要大量活水，容易造成水的浪费和环境污染，还会出现不同程度的缺陷：如皱褶、浆疙瘩、孔洞、针眼、透明点、筋道、网印、斑点、鱼鳞斑、裂口、卷边以及色泽不一等等。同时纸又具有一定的吸湿性，容易受潮，受潮后会发生纸质松软、变色、甚至霉变、收缩、起皱，也不适用于干燥高温的环境，遇高温会变脆、卷翘、开裂等。

图3-12：2018The Dieline Awards一等奖包装

第四节 纸材料的绿色环保

近年来,包装在工业中占据着极其重要的位置,包装材料由于使用寿命短、用量大,废弃后又难以降解,对城市环境和人体造成严重危害。随着包装行业的日益壮大,广泛使用的一次性包装和轻型塑料包装材料,"白色污染"日趋严重,造成了大量难以处理的垃圾,给环境带来了严重的污染问题。因此保护环境成了20世纪的一个全球性话题,为了加强人们对环境保护的意识,世界范围兴起了一项声势浩大的"绿色革命",1972年联合国发表的《人类环境宣言》拉开了世界"绿色革命"的帷幕。对于包装界而言,"绿色包装"是20世纪最大、最震撼人心的"包装革命"。人们对环境污染的忧患意识促使了"环保型"的包装及包装替代材料的研制开发,如图3-13所示:设计师将环保观念贯穿在包装材料中,采用无毒、无害的纸张,外装纸可以再生、降解,对环境无污染。设计理念上,采用体现了大自然时间淬炼的大理石纹理,有些图案似树皮,似水墨山水画,这种自然独特的颜色和图案,是最真实的自然石材。简装纸张、大理石纹与有机葡萄酒完美结合,创造了一种美酒、美景的自然景致,让你在品味有机葡萄酒的甘甜之时,生活空间也能呈现一种天然石材的舒适感觉,带来不同的视觉盛宴。

由于当前包装材料的循环利用率和废弃物的回收再生利用率很低,大量的包装废弃物对环境造成了污染,严重破坏生态平衡,由于环境问题突出,包装材料的使用与创新显得尤其重要。随着世界绿色包装的兴起,国际卫生组织和国内环保专家认为,国内外市场将逐步禁止使用塑料袋,转而采用环保型的材料的纸袋、布袋等。中国也在2009年

图3-13: 2018iF设计奖——葡萄酒包装

图3-14: 草丛中的鸡蛋包装

宣布禁塑令，为了更好地适应时代的需求，不少企业已经开发出符合环境保护的绿色包装材料并取得了一定的成效，如以苇秆、蔗渣、麦草等为材料的纸浆材料，将逐步代替难以降解的塑料材料；采用淀粉、蛋白质、植物纤维和其他天然物质为原料的食品包装材料，还有自然材料的制成品：陶、瓷、玻璃、木材等可循环利用，对环境的污染破坏较小。绿色包装材料的应用使环境得到了更好的协调发展。如图3-15所示：来自奥地利水业公司研发的这款包装号称为世界上第一个微型饮料品牌，只要将压缩方块放入水中，即可获得一杯含果味的饮料，为了减少对环境的破坏，这个公司甚至与荷兰生物包装公司PaperFoam合作，打造了100%可降解的包装，一盒共有48份微型饮料。

图3-15: 2017 The Dieline Awards最具创意可持续包装奖

包装材料主要有：纸、塑料、金属和玻璃。纸和塑料价格低，金属成本高化学稳定性差，玻璃易碎消耗大，塑料材料虽然价格低廉但很难自然降解，回收率低，而且破坏生态环境。在包装材料中纸包装在世界包装材料中占据首位，纸原料来源广泛，可以满足各类商品的要求，其便于废弃腐化与再生的性能可以减少污染净化环境，这是其他材料所无法比拟的；另外，通过开发新型纸浆增强剂和改进瓦楞纸板结构，提高纸强度，减少纸板厚度，达到减量化的目的。纸包装成为最有前途的绿色包装材料之一。如图3-16所示，获2017年The Dieline Awards包装设计奖，来自英国金斯顿大学的学生设计环保包装，他将饮料瓶的设计改造成扁平的纸盒，去户外玩耍不想带包，只要穿上带子，便能将瓶子背在身上，减轻了人们在户外活动中拿饮料瓶的负担。

图3-16: 环保扁平式饮料包装

随着经济发展，消费观念的变化，商品流通比率的增加，包装材料消费量日益增长，环境的负荷量也随之加大。包装业在满足包装功能的前提下，应加强包装的环保化设计，充分考虑包装降低材料的整个生命周期过程对资源、能源及生态环境的影响和负载，在设计中要注重功能性和环境适应性的平衡和统一。包装材料应选择适合现有的回收再生系统或将来可能建立的回收再生系统的材料，对现有的废弃包装进行分类，有的可循环利用，有的作为包装原料再生。包装业的目标就是要以保存最大限度的自然资源，形成最小数量的废弃物和最低限度环境污染的方向努力。如图3-17、18所示：获2018Pentawards国际包装设计大赛银奖的包装设计作品，简单、环保。

现代包装设计的趋势已指向全球性的环保原则，环境保护成为全球关注的热点，"绿色包装"以节省天然资源和减少资源消耗，各发达国家纷纷制定改革政策，采取措施。要求包装符合4R: Reduce（减少材料用量）; Refill（增加大容器再填充量）; Recycle（回收循环使用）; Recover（能量再生）。这些相关政策引领了今后包装设计的新导向。如图3-19所示：这款由可持续性植物纤维组合而成的纸浆水瓶，是世界上第一个既能满足消费者需求，又能解决品牌环保策略的产品。

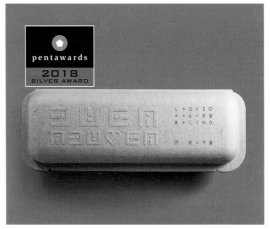

图3-17: 2018Pentawards银奖——护理用品包装

图3-18: 2018Pentawards银奖——概念作品酒包装

图3-19: 2016国际包装设计大赛获奖——植物纤维纸浆水瓶

肆

设计元素

第一节 包装视觉传达设计三要素

第二节 包装视觉图形设计

第三节 包装视觉文字设计

第四节 包装视觉色彩设计

第五节 包装视觉版式设计

包装设计作为一种视觉感强的艺术，必须具有完整的品牌形象，通过独特的语言来传达包装的情意。现代包装设计更加注重美感和视觉欣赏。包装的视觉传达是以图形、文字、色彩等为表现元素突出产品的特色和形象，力求造型精巧、图形新颖、色彩丰富、文字鲜明，装饰和美化产品达到和谐统一。包装视觉传达设计作为实现商品价值和使用价值的手段，在生产、流通、销售和消费领域中，发挥着极其重要的作用，是企业界、设计界长期研究的重要课题。

第一节 包装视觉传达设计三要素

经济全球化的今天，包装与商品已融为一体。消费需求变得日趋差异化、多样化、个性化，"以颜取物"成为消费常态。面对这样一个消费追求个性和颜值的时代，创意包装无疑是这个时代的重要体现。包装作为实现商品价值和使用价值的手段，在生产、流通、销售和消费领域中，发挥着极其重要的作用，是企业界、设计界不得不关注的重要课题。

商品从生产商到消费者之间依靠包装这个媒介来传递商品的信息，在颜值当道的当下越来越多的商品以"颜"吸引消费者，催生出强大的"颜值消费力"。包装的视觉传达设计就是运用视觉语言提高包装的颜值，来传达商品信息，加强经销商与消费者之间的联系，提升商品的附加值。包装作为一门综合性学科，具有商品和艺术相结合的双重性。包装除了能够保护商品，还能美化商品，创造颜值经济价值，它也是一种实时广告，为商品打开销售市场。对包装设计来说，视觉传达的技巧是一项非常重要的课题。

视觉传达设计是为现代商业服务的艺术，包装的视觉传达设计是根据产品特性、形态来制定风格，包装的视觉传达设计是对商品进行装饰美化，使商品通过准确的视觉语言元素充分地表达商品信息，将包装的商品更加完美地呈现，达到商业促销、展示、认知等作用。包装视觉传达设计由三大要素：图形、文字和色彩来构成。如图4-1所示：Plankejens品牌包装中明显地突出三大构成要素：图形、文字和色彩，完整地展现出精美优良的产品特质。

图4-1: 2018The Dieline Awards游戏/玩具/体育/娱乐类一等奖——Plankejens品牌包装

包装的视觉传达设计主要对需要包装的产品信息进行分析、归纳，并通过图形、文字、色彩等基本要素进行设计创作，来塑造商品的品牌形象。以艺术的手法表现在包装设计的领域，将产品特定的信息内容通过可视化的语言传达给受众并促进销售，并在视觉媒体中准确传达商品信息、美化商品、引人注目，正确有效地引导消费商品和提高商品附加值的性能。包装的视觉传达起着沟通企业—商品—消费者桥梁的作用。

成功的包装设计必须具备六个要素：品牌、形态、色彩、图案、功能、醒目。包装上的视觉形象会直接影响商品销售和消费者的购买欲，一个好的包装装潢设计能起到无声推销员的作用，如图4-2所示。

包装的视觉传达设计是在包装形态的有限空间里，运用图形、文字、色彩等要素，对包装进行有目的、有组织的排列组合，突出产品的主题特色。如图4-3所示："今世缘"酒包装运用"松鹤延年、鱼跃龙门、前途似锦、福星高照"四个吉祥主题进行创意设计，松鹤、鲤鱼、玉兔、蝙蝠分别代表着人们对健康长寿、地位高升、事业成功、好运连连的美好希冀与向往。设计上选用喜庆鲜艳的中国红为主视觉色彩，视觉形象传达舒适而又温暖。外包装用特种纸设计成一个象征团圆喜庆的中国传统灯笼，同时可以二次利用，环保自然。产品整体设计具有浓郁的中国风，用各种不同的吉祥元素展示了一个吉祥和谐的美好中国。设计不仅包装元素齐全，同时打开外包装后具有较好的展示效果。

图4-2：2018Pentawards铂金奖包装

093

图4-3：2018iF设计奖——"今世缘"酒包装

第二节 包装视觉图形设计

一、图形的设计

图形是一种特殊的视觉语言，它具有直观性、共通性的特征。完整的商品包装设计是将图形、文字和色彩三者融合构成包装装潢的整体效果，一个好的创意图形设计可提升包装的品质，有时还能超越产品本身的价值，同时也起到产品广告宣传的作用。

图形是伴随着人类产生而产生的，图形符号在人类文明历史的长河中发挥了巨大的作用；早在人类没有语言的原始社会，人们以手绘图画为手段，记录自己的思想、活动和成就，进行沟通和交流，表达自己的情感。随着社会的进步和发展，早期的象征图形逐渐演变成文字。图形作为包装设计的重要视觉元素之一，以其独特的想象力、创造力，在包装设计中突显着独特的视觉魅力。在包装图形设计上有的强烈直接表达产品特性，有的含蓄委婉展示产品效果，不同的图形表达方式在现代商品激烈的竞争中同样扮演着重要的作用。如图4-4所示：获2018德国iF设计奖的"德、健、寿"面条包装设计，包装图形设计采用了传统人物：包拯、关羽、寿仙等，他们分别代表美德、武术和长寿。整体设计赋予面条鲜明的中国传统戏剧经典元素，复古与时尚并存。

图形作为包装装潢设计的视觉语言，主要包括商标图形、产品形象以及与产品相关的装饰形象等。在商品包装设计中，图形设计的定位非常重要，根据商品内容的特性，创意设计对应的图形和表达方式，使包装上图形设计达到与产品的内容和形式的统一，将产品的特性鲜明地表达出来，使包装形象既美丽醒目，又让目标消费者清楚明了。

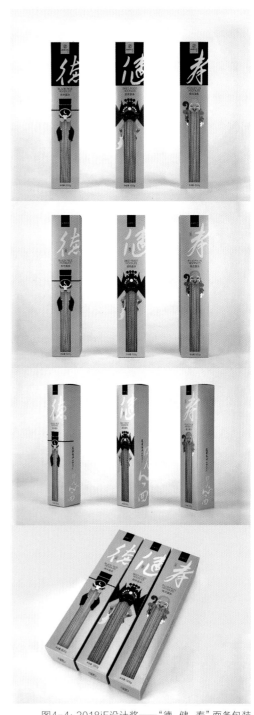

图4-4：2018iF设计奖——"德、健、寿"面条包装

图形的分类有：具象图形、抽象图形和装饰图形。

1.具象图形：主要以摄影写真、绘画手法等来表现。具象图形是根据商品包装装潢设计需要最直接的表现形式。如图4-5所示：获2018Pentawards包装设计铜奖RAIMAIJON甘蔗汁包装。该包装旨在通过摄影写实的平面造型设计为甘蔗爱好者提供全新的体验，并且模拟包含在里面的甘蔗风味的外观、感觉及质构。此外，瓶子的形状和尺寸设计也允许瓶子之间彼此叠放。从远处来看，这种设计在货架上非常独特，容易识别。

2.抽象图形：主要以抽象性的造型元素来表达形式美感。通过自然物像的外观加以简化、提炼、重新组合或以纯粹单纯的形式创造出纯抽象的形式，突破了图形必须具有可辨认形象的藩篱。既可采用纯理性抽象形的点、线、面、色块等构成几何形纹样，又可运用感性的写意手法表现对象的感觉和意念，抽象图形具有单纯、简洁的现代感和神秘的意味感。如图4-6所示。

3.装饰图形：主要以绘制表现手法来装饰和美化包装。表现的内容有人物、风景、动植物的装饰图案，来传达包装的内容物及属性的象征性装饰图形。如图4-7所示：Cacao 70品牌巧克力包装在外观的装饰图案上采用刻画小故事情节来吸引眼球。

具象图形、抽象图形和装饰图形表现手法是包装装潢设计中常用的表现手法。

图4-5: 2018Pentawards铜奖包装

图4-6: 2018Pentawards银奖包装

图4-7: 2018The Dieline Awards一等奖 —— Cacao 70品牌巧克力包装

二、图形的表现形式

1.具象图形：具象的特质表现就是忠实于客观物象的自然形态。在包装设计中的具象图形使用的表现方法有：摄影、绘画或电脑合成等。在包装设计中摄影是最多也最常见的表现手段，摄影最大的功能就是能够直观地、真实地再现产品的质感、形状及静态表现，同时又能捕捉瞬间典型的动态形象。从20世纪初到今天，摄影在商业上的使用已有近百年的历史。由于科技的发展，摄影技术与印刷制版技术的不断进步，特别是数码相机的出现，它直接与电脑连接，快捷高效地确保了影像的品质，由于摄影的传真性，令人产生信赖和亲切之感，诱发了消费者对商品的联想，促进了对商品的购买欲望。如在食物和饮料包装中，摄影手法的运用可大大增强食物的秀色、可口之感。如图4-9所示：这是一款集摄影与手绘于一体的动物饼干包装图形的综合设计，Everland Clip Cookies是一种特制饼干组合，主要在主题公园和动物园中销售。有三种口味：奶酪味、杏仁味和混合味。饼干的角色设计来源是居住在Everland的动物。通过使用适合每种动物的颜色，将每个角色的身份都体现在产品设计上：红色，小熊猫的独特颜色；蓝色，让人想起水和冰川以及企鹅的栖息地；绿色，竹子和森林的颜色，是熊猫的栖息地。

摄影作为包装设计一直是最主流的表现手法之一。摄影包装设计表现的特点具有视觉语言说服力强、贴近现实、客观地反映生活，其形式可以是单独的摄影表现，可以是摄影蒙太奇表现，

图4-8：2018Pentawards包装设计铜奖包装

图4-9：2018iF设计奖——饼干包装

也可以是创意摄影表现，还可以是摄影与绘画、图形相结合的表现，具有多样化特征。摄影技法表现的作品直观、有说服力。如图4-10所示：Doi Chaang品牌咖啡的新包装设计。新包装描绘不同群体的小山部落百姓穿着他们美丽的传统服装，背面是咖啡种植者幸福笑脸的图像。运用摄影手法表现高原地区居民群体，提升他们的自豪感。画面具有最直观的视觉感受，加强了咖啡农民的创新思维和自豪感，能够鼓励农民对Doi Chaang品牌做出强有力的承诺，并将其传递给后代。这种承诺也是品牌创造可持续发展的关键之一。

绘画表现手法同样可完整地表现具象图形。无论油画、版画、水彩、国画、工笔画以及卡通漫画等，绘画的历史最早可追溯到原始社会的岩画，是人类最古老的记录和交流信息的手段和工具，绘画亦可抒发个人的情感表达。由于绘画的材料和工具的多样性，可以表现出不同的视觉效果，既可高度写实，又可挥洒抒情，更可夸张变形。如图4-11所示：2018获德国iF奖的"夏牛乔"苹果包装，设计师选择了三个与苹果相关的人作为设计主题元素，由夏娃、牛顿和乔布斯的第一个字的组合，产生了"夏牛乔"苹果品牌。正如广告语所说：这是改变世界的第四个苹果，该设计旨在通过这个聪明的笑话，让这个产品成为人们能笑着记住的产品，我们永远不会怀疑有趣的产品本身会为其带来巨大的价值。

图4-10：2018iF设计奖——咖啡包装

图4-11：2018iF设计奖——夏牛乔苹果包装

绘画在包装设计上应用广泛，有精致细腻的描绘，也有粗犷豪放的表达，内容丰富广博，形式多姿多彩。在包装产品的应用过程中，力求绘画的表现手法与商品的个性特征协调一致，给消费者在了解商品信息的过程中带来轻松愉悦之感，并在欣赏中促进销售。如图4-12所示，"小团圆"大米的包装，用一种真正希望的好米和"小团圆"的概念来进行对接和碰撞，激发起人们内心深处对团圆的渴望：团圆，或许是繁忙工作中忽略的家人，是久已不见的同窗，是曾经并肩作战的同事，是追了很久没有进展的女神等。这份渴望，只需要一碗饭的时间，无论是细嚼慢咽，还是狼吞虎咽，你都能感受得到这一刻圆满的美好。包装以细腻的点彩表现手法，精心描绘自然山村、田野展现原生态风貌，传递"小团圆"大米清新自然独到的创意设计。

绘画的表现手法灵活多样，可描绘现实世界的自然物象，亦可展现虚幻空间的奇思妙想。能充分地表达人的意愿、情感，更能体现其艺术的独特魅力。相较而言摄影技术更具商业性，绘画更具有艺术性，正基于此，绘画以其非凡的变通性和亲和力深受消费者的青睐。

2.抽象图形：抽象图形是构成包装视觉效果的主要语言，是现代包装设计中的一种表现方式。抽象图形在包装设计中运用灵活多样，它表现的形式组成有理性的：如运用点、线、面构成各种几何形态；感性的：如偶然纹样，如水墨印记、肌理痕迹、运动轨迹、色彩渲染等以及运用计算机绘制各种想象中的电波、声波、能量的运动等构成的自由形态；表达出一些无法用具象图形表现的现代概念。抽象图形

图4-12：小团圆大米系列产品包装

构成的画面并无直接的含义，通过直、曲、方、圆的变化给人产生多种联想。故抽象图形同样可以美化商品的包装。如图4-13所示为国美白酒包装，"国美"这个词意味着中国的荣耀，该品牌突出了其酒高品质和创意精致的包装设计，该系列以刘备、关羽、张飞等中国戏曲中著名的历史人物为设计元素，瓶身以较抽象的脸谱为设计元素，整体设计融合了现代感性设计的中国传统主题。

包装上的抽象图形设计，会让人产生既感性又理性的画面感，既简洁又富有装饰化的视觉美感，也可产生强烈的冲击力。在运用抽象图形时，首先要注重画面的外在形式感，可运用基本形的重复、近似、渐变、变异、发射、群化等组织方法，表现出不同风格的图形，来展示画面的形式美；其次还要注重该图形给人产生的丰富想象，以确保消费者理解抽象图形的含蓄表达，间接地掌握商品特性。如图4-14所示，Gyokuro Miryokucha是一种优质茶粉，是用日本最上乘的绿茶——秋露叶制成的，能够让消费者吸收茶叶中的营养成分。该设计中，时尚的几何图案让人联想到和服，又因为在一个不对称的布局中，呈现出了一种既传统又现代的效果，而且图案结合了水滴和茶叶的形状，象征着茶园，同时通过交错式的标识能够让人感受到玉露茶的醇香。其中红色图案描绘的花朵类似于传统的日本印章，是这款茶叶的精髓，反映出其保证质量和口感上佳的形象。

图4-13: 2018iF奖——国美白酒包装（中国）

图4-14: 2018iF设计奖——绿茶包装

3.意象图形：是主观意识对客观物象进行再加工、再创造的视觉图形，是客观与主观相结合的产物，是用来反映主观情感的特殊视觉图形语言。主要以写意、寓意的形式构成图形。意象图形有形无象，讲究意境，不受客观自然物象形态和色彩的局限，采用比喻、象征、谐音、夸张、变形等方法，给人以赏心悦目的感受，设计师可以借助隐意的设计因素组成包装的视觉图形，也就是说，可依靠意象图形来烘托包装的感染力，以促使消费者的心理联想，牵动人的感情从而激发购买欲望。如图4-15所示：获2018德国iF设计奖的小糊涂仙"年年有余"包装。中国人在大年三十除夕之日，每家每户的年夜饭中一定有鱼这道菜，寓意"年年有余"，它象征着每年丰收富足！设计师的灵感正是来源于此，希望它不仅仅是产品，更能让人感受到喜悦和祝福。一张原生态环保材料纸，一个手工包装成的"鱼"的视觉符号，一组似山似鳞的线条构成灵动的鱼鳞，这就是设计的全部，大繁至简，也向我们传递着自然生态环保的寓意。

意象图形为广大人民所喜闻乐见，不仅反映了民众的观念，也体现了人们对美好生活的向往与追求。中国传统吉祥图案中的龙凤、祥云、牡丹、松树、鹤、蝙蝠等等纹样，具有深刻的文化内涵，寄托着人们独特的审美心理和醇厚的文化意蕴。有图必有意，有意必吉祥。所以从时代性的审美角度出发，有所取舍，有所变化，更有所创新，才能设计出充满吉祥寓意、奇趣盎然、极具视觉诱惑力的优秀作品。如图4-16所示：花好月圆中秋茶礼——雨林古树茶包装。

图4-15："年年有余"小糊涂仙包装

图4-16："花好月圆"雨林古树茶包装

三、图形的设计原则

1. 表达准确

当包装设计上的图形元素用来传递商品信息时，最重要的是准确达意，无论是采用具象的图片来传达商品形象；还是运用装饰绘画手段来描述商品特性，抑或是用抽象的视觉符号去激发消费者的探索兴趣，总之对商品品质的正确导向才是图形设计的关键。对商品信息的准确表达当然还包括所选用图形的诚实可信，如果所有的果汁饮料包装，利用令人垂涎欲滴的新鲜水果摄影图片，这种过分的夸张必定会引起消费者的反感。因此，无论我们在包装上采用什么样的图形，都应当准确地体现出商品诚实可靠的信息，这不仅有利于培养消费者对该商品的信赖感，也有利于培养对该品牌的忠实度。如图4-17所示：获2017年Pentawards金奖的普洱茶包装——瑞育朋茶丝绸之路系列，它还获得了红点奖，该设计灵感来自丝绸之路，普洱茶与丝绸和瓷器一起出口，这种茶具结合了三种传统商品。为了将普洱茶推广给大众，这种包装概念将传统的碟形茶转化为单份，可以在茶壶或杯子中轻松酿造。丝绸图案的茶具图案与普洱茶相匹配，因此也使产品更有创意也更容易识别。

由于市场和消费者的具体情况不同，不能使所有重要因素总是处于同样重要的地位，设计时应根据实际情况确定表达的重点，将其他因素作为一种辅助，通过进行主次排列，将商品特性传达得迅速而准确。

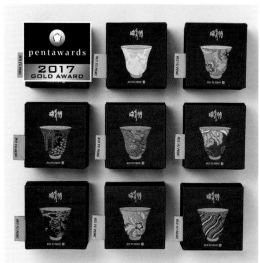

图4-17: 2017Pentawards金奖——瑞育朋普洱茶丝绸之路系列包装

2. 个性鲜明

包装上的个性化图形设计，可运用变性思维来表现，冲破各种条条框框，不落俗套，进行创造性的想象，标新立异，独辟蹊径。一些看似与产品不搭的特殊形象以及不合常理造型，正是设计师要带给大众的不一样的感受，这种不走寻常路的构想设计，往往可以给人更多思考和联想的空间，给人以特立独行之感。当一个包装拥有与众不同的图形设计，它也就避开了目前市场存在的包装"雷同性"现象，使产品在种类繁多的品牌竞争中脱颖而出。在产品激烈竞争的当下，普通平凡的包装设计很难在市场中吸引消费者关注的目光，只有打破传统固有的思路，个性鲜明的创意图形才能吸引众多的消费者。如图4-18所示为意大利谷物Riso D'Uomo品牌设计，新大米的包装设计改写了意大利米Riso包装的设计风格，图案形状参考了米兰大教堂的Candoglia大理石地面设计，整个图形设计简洁，极具装饰感，并赋予其鲜明的意大利元素。历史悠久的意大利谷物品牌Riso D'Uomo，始终将"制作出地道美味的烩饭，让意大利饮食变得更加轻松愉快"作为自己的使命。

3. 审美性强

一个成功的包装，其图形设计必然符合人们的审美需求，它带给人们的必须是美好而健康的感受和体验，既能引起个人情感，也能唤起美好的遐想和共鸣。

图4-18: 2018Pentawards银奖——谷物包装

四、图形的表现内容

图形设计的表现内容：人物形象、产品形象、装饰形象、说明形象等。

1. 人物形象

包装设计中的人物形象是以商品使用对象为诉求点的图形表现。人物形象风格特点具有：知性、感性、灵性、幽默、风趣、夸张、通俗等，有些商品为了传达出产品消费者的定位人群，而直接使用人物形象。如饮料包装上的青春偶像、月饼包装上的嫦娥形象、运动物品包装上的体育明星等。准确的人物形象的应用，具有市场引导优势，受到消费者的广泛喜爱，也可有效传达商品的信息，拉近了消费者与商品之间的距离，加深消费者对商品的印象。如图4-19所示：获2017红点大奖"东坡肘子"包装，创意设计了东坡气息十足的人物符号。在图形创意上，灵感来自宋代诗人苏东坡。在材质上，用传统感强烈的特种纸再配以竹纹装饰彰显东坡气韵。在外形上，以中式提篮为创作原型，多层的设计使得整件作品充满仪式感。在内饰搭配上，特选东坡先生手不离身的竹扇作为创作元素，将使用说明以书法形式写于竹扇上，豪放的气势随折扇打开迎面而来。这种精心制作的食品包装是专门为中国名菜东坡肘子设计的。带有两个抽屉的盒子印上了苏东坡的形象，其中包括一个可以装满不同产品和配件的礼盒。提袋设计是基于传统的中国购物篮，传达了强烈的传统特色。

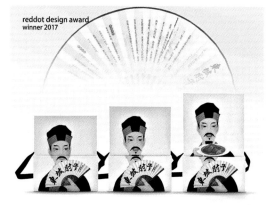

图4-19：2017红点大奖——"东坡肘子"包装

2. 产品形象

产品形象包括产品直接形象和产品间接形象。产品直接形象是指所包装商品的自身形象，是图形设计中使用率最多的形象，它能使消费者对包装内容物有一目了然的认识。产品间接形象是指产品使用的原料形象，如液态的果汁、颗粒状的速溶咖啡、酿酒的高粱等，均可通过该产品的原始材料形象予以表达。如图4-20所示，获2018Pentawards国际包装设计铜奖的包装，杂粮的组合装饰审美浓烈。

3. 装饰形象

装饰形象以艺术的形式表现和审美表达为核心，兼备了具象与抽象、表物与寓意等方面的特点。随着人们审美情趣的变化，越来越多的装饰形象深受人们的喜爱，因此，在许多商品的包装设计中出现装饰形象，不论是具象表达或是抽象表达都能增强商品的感染力。在一些商品的包装设计上，为使包装产生极强的形式感，而选用传统带有吉祥寓意的装饰形象。在装饰图形中，不管是传统的装饰形象还是现代的装饰形象，均能带给人们愉悦与遐想。如图4-21所示，Totem Rolls纸浆包装，运用图腾柱的装饰图案进行产品间接形象设计，别具一格。

4. 说明形象

说明形象多以卡通漫画的形式出现，为了让消费者了解产品的功能和使用方法，在商品包装上以图文并茂的形式设计的说明示意图，给予消费者更清晰、生动的注解。

104

图4-20: 2018Pentawards铜奖——五谷杂粮包装

图4-21: 2017Pentawards金奖——Totem Rolls纸浆包装

第三节 包装视觉文字设计

一、文字设计

文字是记录语言的符号，自人类社会发明了各种各样的文字后，就使语言超越了时间和空间的限制，成为人类社会交流思想和表情达意的工具之一。文字已超越了语言的范畴，并具有强烈的图形意念。通过对字体的塑造和组织，清晰地传达商品特性，除给人以美的享受外，又使消费者发生兴趣而产生信任，促成销售。

在包装装潢设计作品中，文字是传达商品信息的重要组成部分，文字本身也是包装设计画面中不可缺少的重要视觉形象。有些包装装潢作品甚至全用文字构成。文字的优劣，直接影响到包装设计作品的整体效果。因此，以文字为主体元素的包装设计，要善于运用不同的文字变化构成丰富的画面，巧妙的文字排列组合给人一种书香润泽的熏陶气质。如图4-22所示：是一系列简约大气、淳朴古风的包装设计，表现出禅语禅境的视觉效果。

包装上文字设计应反映商品的特点、性质，并具备独特性、识别性和审美功能，文字的编排与包装的整体设计风格协调。文字内容要简明、真实、生动、易读、易记。包装上的文字通常包括以下内容：商标名称、商品名称、商品规格、广告用语、质量说明、使用说明、成分说明、注意事项、生产厂家及地址名称等。这些反映了包装的本质内容，包装设计时必须把这些文字作为包装整体设计的一部分来统筹考虑。

图4-22：文字元素包装——研传茶叶

105

二、包装的文字类型

1. 品牌名称

品牌名称是包装上的重要文字，是传递商品信息最直接的因素，通常将它们设计在包装的主体正面上。在品牌名称的字体设计上越新颖、越个性也就越有感染力，但也要符合产品商业性的内在特点，单调乏味的字体设计往往因缺乏生动性而失去可视性。如图4-23所示的以手绘书法体的品名和缺陷肌理效果带来新的包装视觉创意。

2. 说明文字

在包装设计中，文字是传达商品信息必不可少的组成部分。有的包装装潢设计可以没有图形形象，但不可以没有文字说明。包装上说明文字包括：商品名、规格、型号、容量、重量、用途、生产日期、保质期、使用方法、储存方法、注意事项、生产厂家、地址、联系方式、商标等（以上这些说明文字属法令规定性文字，具有强制性），消费者通过这些文字更进一步地了解商品。如图4-25所示，这类包装上说明性文字的编排位置较为灵活，可以安排在包装正面次要部位，也可安排在包装的侧面、背面，还可以用专页纸张印刷后附于包装内部。总之，依包装的形态与结构特点做相应的文字处理。这类文字的设计提倡简洁、明了，可采用规范的基本印刷字体，值得注意的是编排上的整体感。

图4-23：2018iF奖——心悠然酒包装

图4-24：2018iF奖——王老吉饮料包装

图4-25：2018Pentawards铜奖包装

3. 装饰文字

为了突显产品特色，加强促销力度，有些包装上会出现装饰文字，也就是在包装的字体上添加"外衣"，它能使商品更加醒目、亮丽。装饰文字的设计相对于其他文字类型更为灵活、多样，一般可根据产品文字的需要设计。装饰文字主要有：轮廓装饰、笔画装饰、阴影装饰、插画装饰、分割装饰、背景装饰等。富有变化的装饰文字能直接拉近商品与消费者之间的距离。装饰文字的编排宜放在产品正面展示面上，如图4-26所示，"义和玉"牌醋包装，以插画装饰文字的表现手法突显品牌"春夏秋冬"四季醋的地方风味特色，增强产品品牌文化的同时，也传达了品牌文化。

图4-26：2018iF设计奖——"义和玉"四季醋包装

图4-27：2019 Pentawards金奖包装

三、字体设计的要求

1. 突出商品的特征

优秀的包装都十分重视文字的设计，甚至完全由文字变化构成画面，十分鲜明地突出商品品牌与功能，并以其独特的视觉效果吸引消费者。包装上的字体设计要结合商品的物质特性，选择字体和设计字体变化时，注意字体的性格与商品的特征相互吻合，达成一种和谐，从而更生动、更灵活地传达商品信息。如图4-28所示，以苏轼中秋望月怀人之作《水调歌头·明月几时有》为主题的月饼包装设计。围绕中秋明月展开想象和思考，把人世间的悲欢离合之情纳入对宇宙人生的哲理性追寻之中，勾勒出一种皓月当空、亲人千里、孤高旷远的境界氛围，既表达对亲人的思念，又表现出热爱生活与积极向上的乐观精神。极简的黑色底衬托中国汉字博大精深、古色古香、字字珠玑的文化气质。包装设计整体风格简洁、淡泊、素雅。文字对于整个画面来说起到了烘托思念之情的作用。

2. 加强文字的感染力

文字的历史源远流长，经过岁月的磨炼与雕琢，使得字体本身已经具备了形象美感和美学价。包装上的文字若以表达商品特性为前提，还要对文字加以艺术的设计及制作，在符合商品属性的特点前提下，使设计的字体个性鲜明，形式感及美感兼而有之。文字，本身是没有生命的东西，当设计师在包装上赋予了丰富的情感，它便拥有了如歌的生命和聪慧的灵性。此外，包装上的各类文字要从字的形态特征与组合编排上进行探索，不断修改，反复琢磨，这样才能创造富有个性的文字，使其外部形态和设计格调都能唤起人们的审美愉悦感受。加强文字的感染力度能有效触动消费者的审美情结，激发潜在的购买动机。如图4-29: 2017年红点设计大奖——旧振南新年糖果礼盒包装。对中国人来说，农历新年意味着团聚和欢乐，讲究"吃甜食带

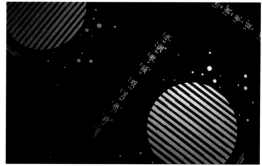

图4-28: 精致的月饼包装

图4-29: 2017红点设计奖——旧振南新年糖果包装

来甜蜜的新年"，"旧振南"中国新年礼品盒灵感来自充分体现了这个传统的节日喜庆和甜蜜氛围，其包装设计以"春天"和"喜悦"的书法字样展示中国文化，传达节日快乐，非常适合团聚宴会。

3. 注重文字的识别性

为提高包装信息的直观度，在进行字体设计时，往往要运用不同的表现手法对文字进行装饰美化变化处理。但这种变化装饰应在标准字体的基础上，根据具体需要对字体进行美化，不可篡改文字的基本形态。此外，包装上的文字必须注意字体的应用大小，要保证在较短时间内能够使人识别。如图4-30所示，老舍茶行是一家专售云南原始茶林的普洱古树茶茶行，老舍茶行标志以字体为主标识，每个字均为专门设计，字体与茶舍建筑结合，突出了古朴的茶舍气息。在整套视觉上还设计了许多与品牌相关的文字印章，使整套产品于市场有了自身形象的识别，令人在消费意识形态上产生共鸣，在销售推广和传播上有着一定的感染力。

4. 把握字体的协调性

为了丰富包装的画面效果，有时会使用大小不一、字形不同的字体，因此字体设计的搭配与协调尤为重要。包装中的字体运用不宜过多，否则会给人凌乱不整的感觉。一般而言，用三种左右的字体为好，且每种字体的使用频率也要加以区别，以便重点突出。当汉字与拉丁字母组合，要找出两者字体之间的相对应关系，使之在同一画面中求得统一感。当然，字体间的大小和位置同样不能忽视，既要有对比，又要有统一，一切从整体出发，把握字体之间的相互协调。如图4-31，这是获得2018德国iF奖的文化茶包装，设计师运用浮雕汉字的笔法来表现包装上的文字，打破常规，给人眼前一亮又不失协调，同时也提醒消费者茶叶在中国传统文化中扮演的角色，本产品希望引发消费者对中国古代遗产的思考和自豪。

图4-30: 老舍茶行茶包装

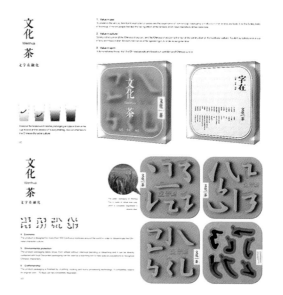

图4-31: 2018iF设计大奖——文化茶包装

109

第四节 包装视觉色彩设计

一、色彩设计

色彩在包装设计中占有特别重要的地位。在琳琅满目的超市里，首先引人注目的是包装的色彩，故色彩是美化和突出产品的重要因素。在竞争激烈的商品市场上，要使商品具有明显区别于其他产品的视觉特征，更富有诱惑消费者的魅力，刺激和引导消费，以及增强人们对品牌的记忆，这都离不开色彩的设计与运用。据相关资料表明，消费者对物体的感觉首先是色，其后才是形，在最初接触商品的20秒内，人的色感为80%，形感为20%，由此可见，色彩具有先声夺人的力量。如图4-32所示：包装设计使用大面积明亮蓝、红色块的堆叠来视觉化这种搭配的卖点，简洁清新的风格强化了食物健康信息，与此同时刺激了味蕾，让食物的选择多了一份享受与趣味。在进行包装的色彩设计之前，应对色彩具有科学的认识，对色彩的功能性、情感性、象征性做出深入的研究，这有助于设计中色彩运用能力的培养。

在现代包装设计中色彩直接影响人们视觉的直观感受。商品包装视觉设计中的图形、文字等因素都需要靠色彩来表现，可以说色彩是包装设计的关键。故色彩是影响包装设计成功与否的重要因素，不同的商品有不同的特点与属性，包装装潢设计中的色彩要根据商品的特性来进行配色设计，它能直接影响人们的视觉直观感受，色彩对消费者的心理也具有一定的影响，成功的色彩设计往往能使人产生愉悦的联想，具有较强的吸引力和竞争力，以唤起消费者的购买欲望，促进销售。例如，食品类直接选取大自然中的新鲜原料

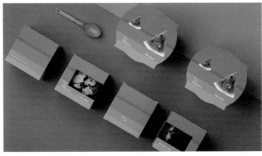

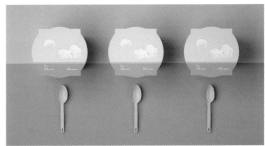

图4-32：2018 The Dieline Awards一等奖包装

图4-33：2017 Pentawards获奖包装

色，突出食品的新鲜、营养和味道；医药类常用单纯的冷暖色调；化妆品类常用柔和的中间色调；机械五金具类常用蓝、黑及其他沉着的色块，以表示坚实、精密和耐用的特点；儿童玩具类常用鲜艳夺目的纯色和冷暖对比强烈的各种色块，以符合儿童的心理和爱好；体育用品类多采用鲜明色块，以增加活跃、运动的感觉。设计者要研究消费者的习惯和爱好以及国际、国内流行色的变化趋势，以不断增强色彩的社会学和消费者心理学意识。如图4-34，获2016Pentawards金奖和2018The Dieline Awards一等奖的葡萄酒和香槟的包装，整个包装色彩设计以明亮的黄色主导，让人眼前一亮，外形设计灵感来源于传统的路标: Clicquot Arrow可以指明方向。根据主题旅程（如音乐、时尚、艺术），收集了从东京到洛杉矶，罗马到巴黎的29个全球目的地，买酒也要买有趣味的。金外壳为金属，带有滑盖，包含一瓶75cc的Veuve Clicquot黄色标签香槟。

1. 色彩的识别功能

现代商品包装色彩语言要致力于突出商品形象。由于色彩具有象征性和民族色彩文化特征，在商品包装色彩设计使用时强调和更多地使用体现商品形象色，使消费者产生类似信号反应一样的认知反应，快速地凭借色彩来确定包装商品属于哪种产品、哪个品牌、哪家公司。因此，包装中的色彩设计以突出商品特性为目的，强化识别功能，有助于消费者从琳琅满目的商品中辨别出不同的品牌。心理学中把消费者的注意分为有意注意和无意注意两种。当人们最初接触到某一商品时，大多是无意识的，即无意注意，但当消费者再次购买这

图4-34: 2018The Dieline Awards一等奖——葡萄酒和香槟包装

111

一商品时，就会对包装有意识地注意，尤其是对最先触动视觉的色彩产生有意注意。因此，商品包装色彩运用得当，会加深消费者的注意力，从而触发购买行为。

2. 色彩的促销功能

成功的包装离不开先声夺人的色彩美感。杜邦定律指出：63%的消费者是根据商品的包装和装潢进行购买决策的，精美的包装在商场吸引消费者，他们所购物品种往往超出购物计划的45%。色彩是直接作用于人的视觉神经的因素。当人们面对众多的商品时，能瞬间留给消费者视觉印象的商品，一定是具有鲜明个性、格外引人注目色彩的包装。色彩使人们在购买商品过程中获得良好的审美享受，同时也起到了对商品的广告作用，让人在不经意间注意到它的品牌。因此，企业在进行商品的包装设计时，应该意识到色彩的重要性，作为设计师，则要尽量设计出符合商品属性的、能快速吸引消费者目光的色彩，以提高企业商品在销售中的竞争能力。如图4-35所示：获2018Pentawards全球包装设计金奖的作品，运用明亮又不寻常的黄色，流畅的设计让品牌名称字母碎片化，重新排列，反映了品牌名称及其价值观的动态和自信。品牌标识以粗体字和动态的视觉效果来展现，在众多产品中，你一眼就能认出它的包装。

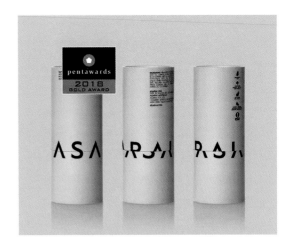

图4-35：2018Pentawards包装设计金奖包装

3. 包装色彩的视觉心理

人们长期生活在一个色彩的世界中，积累了很多色彩经验，但也受到自身性别、年龄、职业、民族、性格以及素养和审美条件等多种复杂因素的影响，从而对商品色彩的认识在生理上和心理上形成了一些习惯性的色彩印象。设计师对此要有所了解，这有助于更为准确地把握包装的色彩。

4. 包装的感情

（1）冷暖感

冷暖感觉并非来自物理上的真实温度，而是与我们的视觉与心理联想有关。红、橙、黄等颜色带给人们火一般的热情感受。蓝、绿、紫等冷色会给人以水一般冷静的联想，如图4-36所示。

（2）奋静感

一般来说，暖色、高明度色、高纯色对视觉神经刺激性强，会引起观者的兴奋感，如红、红橙、橙、黄橙、黄等色，称为"兴奋色"；而冷色、低明度色、低纯度色给人沉静的感觉，称为"沉静色"，如蓝、蓝紫、蓝绿等色。在设计中要表达兴奋的效果，可用"暖色"，若要表达安静、稳重、理智的效果，则可用"冷色"来表现。如图4-37所示，整体色彩搭配采用对比的手法，产生强烈的色彩对比效应，画面的吸引力十足，给人以创意无限的感受。

图4-36: 月饼包装礼盒

图4-37: 月饼礼盒包装

（3）轻重感

色彩的轻重感，主要是因为色彩明度的关系。一般来说，白色及黄色等高明度色彩给人感觉较轻；黑色或低明度的色彩则看上去较重。明度相同的色彩则视纯度而定，纯度高的看来较轻，纯度低的显得较重。感觉轻的颜色虽然给人轻快感，但也会让人觉得不够稳定；相反低明度颜色则有厚重的感觉。设计时若要搭配轻色及重色，必须考虑它们之间的平衡性。如图4-38所示，获2018年iF包装奖——山外山古茶包装：通过白色的3D立体生动描绘古茶树背靠一系山脉立在远处的情景，该设计具有很强的视觉冲击力和感染力。通过设计展示了这个品牌古老的茶树形象及其生长环境的核心魅力：老茶树的高价值和稀有性。同时，这种茶礼以古茶树的艺术进行构思，传达了礼乐的感觉。而且，用经过处理的回收的纸浆制成的纸盒既生动又环保。这组古茶包装色彩搭配包含了中国传统的色彩观念体现于"黑白"，黑白意为太极、阴阳。黑白色调，朴素无华，其艺术语言和魅力是其他色彩无法代替的，留给人们的是无穷无尽的追求。

（4）前后感

色彩的前后感。各种不同波长的色彩在人眼视网膜上的成像有前后，一般暖色、纯色、高明度色、强烈对比色、大面积色、集中色等有前进的感觉，相反，冷色、浊色、低明度色、弱对比色、小面积色、分散色等有后退的感觉。在设计中，若能适当地使用前进色与后退色，可获得有效的层次感与空间感。如图4-39所示，此产品包装以经典红黑色为主色调，运用皮影戏、剪纸元素与现代插图结

图4-38: 山外山古茶包装

图4-39: 2018iF设计奖——"恍然"酒包装

合起来，传达出了一种乐观的生活态度，吸引年轻人，帮助他们更好地欣赏中国传统文化，以建立与用户的情感共鸣。而且，与大多数包装不同的是，它是印刷技术和基本设计的巧妙结合，能够更直观、有趣地展示产品。

（5）柔硬感

色彩的软硬感其感觉主要也来自色彩的明度，但与纯度亦有一定的关系。明度越高感觉越软，明度越低则感觉越硬；明度高、纯度低的色彩有软感，中纯度的色也呈柔感。高纯度和低纯度的色彩都呈硬感，如它们明度又低则硬感更明显。中性色系则显得最为柔和。如图4-40所示，统一品牌的饮料包装，形态、图形和色彩表现得极为柔和；如图4-41所示，阿佛洛狄特品牌包装的图形、文字和色彩都给人以特别的硬朗感。

5.色彩的寓意

色彩的寓意就是指不同颜色具有不同的象征性，属于心理学范畴。大多数人都认为色彩的情感作用是靠人的联想产生的，而联想是与人的年龄、性别、职业以及社会环境、生活经验分不开的。此外，长期以来通过人们的习惯造成的色彩固定模式，也使得一些色彩感觉在人们心目中成为永恒。总之，寓意是由联想并经过概念的转换后形成的思维方式。

图4-40：2017Pentawards金奖——统一品牌饮料包装

图4-41：2017Pentawards银奖——英国阿佛洛狄特品牌包装

（1）**红色**——视觉刺激强的色彩，它具有双重性的寓意，既代表吉祥、喜悦、奔放、激情，总能让人想到美好的事情，又表示危险、冲动。红色也是中国传统节日的商品包装使用最多的色彩，故也称中国色。如图4-42所示，Tualang野生蜂蜜包装，打破传统蜂蜜产品的用色，运用视觉冲击力极强的大红色，在同类产品中脱颖而出。

图4-42: 镂空花饰的野生蜂蜜包装

（2）**橙色**——介于红、黄之间的色彩，又兼有红与黄的优点，给人以明朗、活泼的印象。橙色总能带给人温暖，让人想到丰硕的果实，容易引起营养、香甜的联想，让人感觉到幸福，是包装中使用频率颇高的色彩，特别是在食品包装中。如图4-43所示，褚橙品牌包装，再现了传奇商业领袖的辉煌，褚时健老人形象用有木刻版画的表现方式体现分量感；包装盒创新的开启结构，轻轻向外抽拉，橙子就会自动升起，极大地便利了橙子的取出，也丰富了终端的展示功能。

图4-43: 红点设计大奖——褚橙包装

（3）**黄色**——明亮和娇美的颜色，有很强的光明感，使人感到明快和纯洁。幼嫩的植物往往呈淡黄色，又有新生、单纯、天真的联想，还可以让人想起极富营养的蛋黄、奶油及其他食品。图4-44的咖啡包装以简洁的纸袋造型表达环保，明快的色彩让人眼前一亮。

图4-44: GEVALIA咖啡包装

（4）**绿色**——大自然中草木的颜色，象征着自然、希望和生命，同时也表示青春和长寿，在活泼中蕴藏着端庄与沉静。它具有平衡人类心境的作用，是易于被接受的色彩。如图4-45所示的竹叶青酒包装。

图4-45: 2018iF设计奖——竹叶青酒包装

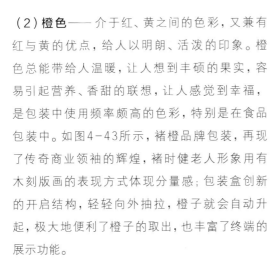

（5）**蓝色**——极端的冷色，恰好与红色相对应。代表冷静、真理、真实、永恒，具有沉静和理智的特性。蓝色易产生清澈、超脱、远离世俗的感觉。深蓝色会滋生低沉、郁闷和神秘的感觉，也会产生陌生感、孤独感。而不为极端冷色的天蓝色则会让人感到轻松。以前蓝色是在电子科技、电器产品包装中使用最多的，现在蓝色在食品、药品、服装等包装上都应用广泛。图4-46所示精致的蓝色白酒包装，带给人不一样的感觉。

图4-46: 精美的白酒包装

（6）**紫色**——具有权威、尊敬、高贵、优雅、神秘、孤独的含义，这是一种矛盾的颜色。紫色的使用较难把握，常用于化妆品、保健品等包装，如图4-47所示。

图4-47: 精美的果味粉礼盒包装

（7）**白色**——纯洁的象征，代表高雅，给人以无瑕、冰雪、简单和神圣的感觉，是黑色的对比色。由于白色易被污染，且给人的印象薄弱，因此，包装上应用较少，但在化妆品及医药品包装中有一定的运用。如图4-48所示: 采用素洁的白色，令人联想到其原生态的属性。

图4-48: 2017Pentawards银奖——Xinu香水包装

（8）**黑色**——一种庄重、肃穆、黑暗、压抑的颜色，给人一种神秘莫测的感觉。黑色是包装设计中不可缺少的颜色，以前多用它作为辅助色彩，但随着时代的变迁，黑色成为"酷"的代言，因此，在现代许多以男性以及青春派为销售对象的商品中，黑色成为抢手的包装主色调，如图4-49所示。

（9）**金银色**——带有金属光泽的色彩。由于本身特有的耀眼光泽，形成了华丽、高贵、精美的象征性，是各类高档商品包装的点缀色彩，如图4-50所示。

6. 色彩的运用

（1）依据商品的属性

包装上的色彩是影响视觉最活跃的因素。包装上的商品色彩属性是指不同商品都有各自的色彩倾向或称为属性色调。为了区分同类产品的不同功能和性质，往往要借助于色彩予以识别。人们在生活中获取的认知和记忆形成了不同商品的形象色彩，商品的色彩形象会直接影响到消费者对商品内容的判定。因此，包装设计中对色彩形象性的把握是非常重要的。

不同的颜色在不同的商品之间存在很大的差别。一般来说，在食品上的视觉与味觉之间会存有不同的感觉。如糕点类食品包装色彩多选用黄色，因为黄色促进食欲；纯净水等饮料包装喜用蓝色，因为蓝色令人感到凉爽。咖啡的包装，用棕色体现的味浓；用黄色体现的味淡；用红色体现的味醇……可见色彩对商品的品质具有一定的影响。如果包装设计师运用得当，不仅能使商品与消费者之间形成一种心灵的默契，而且能使购买者产生舒适的感觉。

图4-49：2018Pentawards铜奖包装

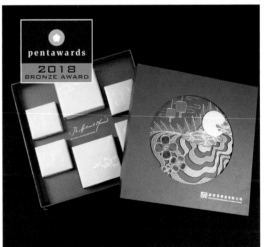

图4-50：2018Pentawards铜奖——精美的月饼包装

商品的形象色利用商品本身的色彩在包装用色上
再现。我们可以从一些色彩的名称中得以反映。如
以植物命名的草绿色、咖啡色、茶色、玫瑰红等；
以水果命名的橙黄色、橘红色、桃红色、柠檬黄
等；以动物命名的鹅黄色、孔雀蓝、鼠灰色等；此
外，还有天蓝色、奶白色、紫铜色等等。将产品的
固有形象色直接应用在包装上，会使消费者获得
一目了然的信息，如奶粉包装可用乳白色；柠檬
饮料可选用柠檬黄等。运用商品本身的色彩最能
给人以物类同源的联想，增加商品的直观表达能
力，使人产生购买欲望。如图4-51所示。

图4-51：2017iF获奖包装

（2）依据消费对象

每一种商品都是针对特定的消费群体，因此，在
包装设计时依据消费对象来进行定位设计就显得
尤其重要，包装中的色彩设计亦是如此。不同的
消费群对色彩的喜好也存有一定的差异，对色彩
的好恶程度往往因年龄、性别、文化、职业、环境
的不同而差别很大。根据一些调查表明，在儿童
时期喜欢热闹，最喜欢高纯度的暖色；长大后心
态成熟，开始能冷静地看待生活的时候，需要冷
色调来平衡心态。不同颜色除表现不同的心情、
不一样的感觉外，还表现出一个人的不同见识、不
同性格等；所以颜色喜好会随年龄而有所变化，
就好像果实一样，花朵刚结果是白色、淡黄色，接
着是浅绿、深绿，再是黄色、红色、紫色等。对于
色彩喜好的坦率表达，有不少人认为，女性喜欢暖
色，男性较喜欢冷色，但这主要是基于色彩本身
所带给人的联想：暖色感性显得温柔，具有女性
气质；冷色理性显得刚毅，富有男性特征。所以，
谈到色彩在性别上的差异，这点便是设计中或多
或少应遵循的原则。

119

图4-52：2017Pentawards金奖包装

（3）依据地域习俗

不同的地域有不同的色彩，色彩体现一个地域的文化特色，也与一个地方的文化历史息息相关，色彩运用要充分考虑各地域不同用色习惯和色彩象征。将其运用于现代包装设计中能体现出商品浓厚的地域文化和民族特色，尤其是富于地域特色的产品。以我国为代表的东方色彩具有很强的装饰性，如图4-53所示获2016德国红点奖的和酒包装：为纪念楚国爱国诗人屈原在端午节抱石跳汨罗江自尽，以红蓝色为主色调，采用原创插画手绘体现，图中屈原骑在鱼儿身上，一起迎接人们对他的纪念，吃着人们撒在河里的粽子，屈原痛快地饮着和酒。包装整体风格现代，色彩丰富，视觉冲击力强，极具个性化和差异化，赋予了和酒更多"亮点"，符合新生代消费者的审美及消费需求。

中国传统色彩中的"五色"以黑、白二色为基础，体现了辩证思维特点"阴阳观"的色彩观，色彩阴阳观发源于太极阴阳，即"二气相交，产生万物"。以黑、白二色为基础加上红、黄、青三原色所形成的五个正色，是我国传统的五色观。五色对应五方，带有强烈的象征意义，即所谓东方者太昊，其色属青，故称青帝，以掌春时；南方者炎帝，属火，赤色，故称赤帝，以司夏日；居天下之中者黄帝，其色属黄，支配四方；西方者少昊，其色属白，故称白帝，掌管金秋；北方者颛顼，其色属黑，故称黑帝，以治冬日。从而给五色赋予了特殊的文化内涵。如果以现代色彩观念来分析五色观，将五色分解开来，即为三原色（红、黄、蓝）加上两极色（黑、白）。这正是构成色立体的最基本色彩。由此可见，即使以现代色彩观念来衡量五色观，它亦是很科学的方法。

图4-53：2016红点奖——和酒包装

不同的国家、不同的民族和地区，因为社会、政治、经济、文化、教育及生活方式的不同，表现在气质、兴趣、爱好等方面也不尽相同，对色彩同样也形成了各自的偏好和地域性。中华民族是个衣着尚蓝、喜庆尚红的民族。中国人使用红色的历史最为悠久，民间对红色的偏爱，与我国原始民族崇拜有关。红色具有波长最长的物理性能，它的色彩张力对人们的视神经产生强烈的刺激作用。古往今来，红色以它光明与正大、刚毅与坚强的含义长期影响着我国的民族习惯。如图4-54所示，组合式结构的中药包装，采用原创手绘插画体现，插画内容为中国吉祥寓意的元素（鱼、鹤、鹿等），包装整体风格传统又现代，红黑蓝黄白五色搭配，色彩丰富，视觉冲击力强。具有中国传统文化特色，赋予了中药材包装更多"亮点"。

中国传统色彩体系以"五色"为主，创造了以不同主色调为中心的配色形式。在中国传统色彩应用体系中以两色为基调的色彩配置是一个重要的特性。如最有代表性的有青花瓷中的蓝与白、蜡染中的靛与白、汉代瓷器中的红与黑以及中国画的黑与白。两色配色表达已经明确，给人以鲜明的感染力。两色看似简单，却可以创造出变化万千的装饰效果，成为中国传统的配色方法。这类配色手法，在现代包装色彩设计中应加以借鉴与应用，如图4-55所示两色配色的护肤品包装设计。

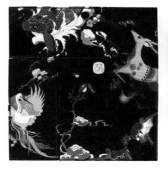

图4-54: 2018 A' 设计大奖——中药材包装

图4-55: 个性化的护肤品包装

不同的国家、不同的民族，由于风俗习惯、宗教信仰的不同，对色彩会有不同的禁忌。作为文化的一部分，了解各地对于色彩的好恶，有助于我们在运用色彩的时候趋利避害。对出口商品进行包装时，应根据世界各国的文化特征和生活习俗，选择适宜的色彩。不同国家对色彩有不同的反应。日本忌绿色喜红色、白色；瑞士、埃及、奥地利、土耳其等以及伊斯兰国家喜欢绿色，认为可以驱病除邪；比利时、保加利亚讨厌绿色；美国人喜欢鲜艳的色彩，忌用紫色；巴西认为紫色为悲伤；法国人视鲜艳色彩为高贵；瑞士以黑色为丧服色，而喜欢红、灰、蓝和绿色；丹麦人视红、白、蓝为吉祥色；荷兰人视橙色为活泼色彩，橙色和蓝色代表国家色彩等等。因此，了解出口国家对包装商品的禁忌色彩至关重要。如我国出口德国的红色鞭炮曾在相当长的一段时间内打不开销售局面，产品滞销。我国出口企业在进行市场调研后将鞭炮表面的包装用纸和包装物改成灰色，结果鞭炮销售量直线上升。入乡随俗、投其所好、避其所恶，才能在产品竞争中占有绝对优势。故对包装色彩的运用，必须依据现代社会消费的特点、商品的属性、消费者的喜好、国际国内流行色变化的趋势等，使色彩与商品产生诉求方向的一致，从而更加有力地促进商品的销售。如图4-56所示。

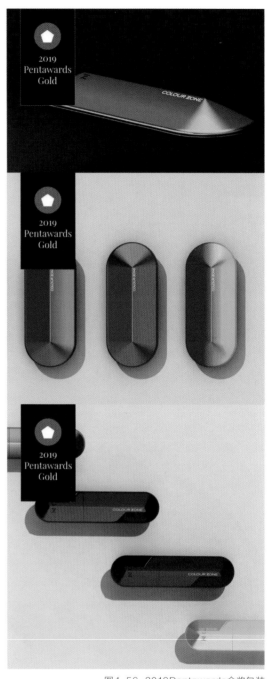

图4-56：2019Pentawards金奖包装

第五节 包装视觉版式设计

包装的版式设计是根据产品特性和视觉传达信息的需求，在有限的版面空间里，将文字、图形、色彩等版面需要的元素进行画面组织。将理性思维、个性化的艺术特色表现出来，构成既具有丰富的层次变化，又浑然一体，具有明显的风格特征的产品包装，并与包装的造型、结构以及材料相协调，构成一个趋于完美的整体形象。

1.版式编排构成方法

根据产品的信息内容将文字、图形、色彩、线条等视觉元素，通过位置、方向、数量、面积等因素进行创意的版式编排，把构思与计划以视觉形式表达出来。包装版式构成方法大致归纳为以下几点：

（1）垂直式

垂直式是将商品的信息通过视觉传达要素进行垂直式排列，给人以挺拔向上、流畅隽永的感觉。如图4-57所示：这款高颜值的月饼包装，将主要的视觉元素以垂直排列的方式安置在展示面的视觉中心，体现出简约风格。在用色、材料和印刷工艺上，打破了以往的红色定式与单一模式，集合了传统与现代的设计和工艺，精致又富有美感。

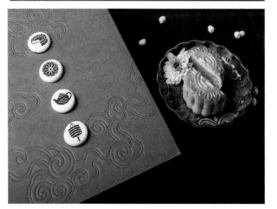

图4-57: 精美的月饼包装

（2）水平式

水平式是将商品的信息通过视觉传达要素进行水平排列，水平式的空间分割往往会使人觉得平和安宁、庄重稳定。同样，水平式的构成也应在平稳中求变化，单纯中见丰富。如图4-58所示。

（3）倾斜式

当各主体要素以倾斜的方式构成，给人的最深印象便是律动感，它会使包装变得充满朝气。在运用倾斜式的构成时，一是要注意倾斜的方向和角度，倾斜的方向一般以由下至上比较好，符合人们的心理需求和审美习惯；二是倾斜的元素能够带来动感，同时也传达着不稳定感，这意味着须处理好动与静的关系，在不平衡中求稳定。如图4-59所示。

（4）中心式

将视觉要素集中于展示面的中心位置，四周形成大面积的空白。中心式能一目了然地突出主体形象，给人以简洁醒目之感。中心式讲究中心画面的外形变化，注意调整好中心画面与整个展示面的比例关系。如图4-60所示。

图4-58：2018Pentawards获奖包装

图4-59：2018Pentawards获奖包装

图4-60：2018Pentawards铂金奖包装

（5）分割式

分割式是指视觉要素布局在按一定的线性规律所分割的空间中，产生纷繁多变的空间效果的构成方法。分割的方法包括：垂直分割、水平分割、斜形分割、十字分割、曲形分割等。构成时要处理好空间大小关系和主次关系。如图4-61所示。

（6）散点式

散点式是指视觉要素以自由的形式，分散排列的构成方法。它用充实的画面给人以轻松、愉悦的感觉。设计时要注意结构的聚散布局、各要素间的相互联系，此外，还要使画面不失去相对的视觉中心。如图4-62所示。

（7）边角式

边角式是将关键的视觉要素安排在包装展示面的一边或一角，其他地方有意留下大片空白，这一违背传统的构成方式能加强消费者的好奇心，也有利于吸引消费者的注意力。但要注意视觉要素所处的边角位置以及实与虚的对比关系。如图4-63所示。

图4-61：2018Pentawards获奖包装

图4-62：2018Pentawards金奖包装

图4-63：2017Pentawards金奖包装

（8）重叠式

重叠式是图形、文字、线条及色块相互穿插、叠加的构成方式。多层次的重叠，使画面丰富、立体，且视觉效果响亮、强烈。要使层次多而不乱、繁而不杂，运用好对比与协调的形式原则是重叠式构成的关键。如图4-64所示。

（9）综合式

综合式是指没有规则的构成方式，或是用几种构成方式综合为一地进行表现。综合式虽无定式可言，但须遵循多样统一的形式法则，使之产生个性强烈的艺术效果。如图4-65所示。

2. 构成原则

将包装的视觉要素合理而巧妙地编排组合，使之呈现出新颖、理想的效果，就必须遵循一定的构成原则。如图4-66所示：以传统国画"梅兰竹菊"与缩微式园林景观的枯山水元素构成，作品层次丰富，具有高雅浓郁的文化特色。

图4-64：2017Pentawards获奖包装

图4-65：中秋礼盒包装

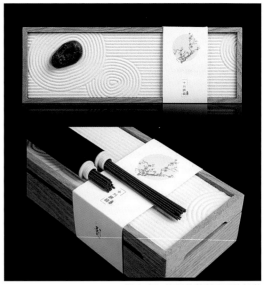

图4-66：梅兰竹菊创意香礼包装

（1）整体性

包装的色彩、图形、商标和文字，这些复杂的视觉要素均要在包装这一小小的舞台上展示，并要在庞大的同类商品中瞬间传达出自我特性，无疑，这需要设计师把握整体性的构成原则。要确定好一种构成基调，所有视觉要素的构成都向这一基调看齐，使包装呈现出一目了然的整体感。如图4-67所示：不同瓦数的灯泡，都有不同的昆虫相对应，结合不同的灯泡造型，挖去对应的腹部，以每个昆虫都是独特的发光体的概念，向用户传达自然、柔和、不伤眼睛的冷光灯产品。

在包装视觉要素的整体安排中，应紧扣主题，突出主要部分，次要部分则应充分起到陪衬作用，这样各局部间的关系就得协调统一。包装的视觉要素间的关系相当复杂，就单一的文字元素就有牌号、品名、厂址、规格、用法、用量等等。它们之间在构成时就要协调处理。而包装上除了文字，还有其他的色彩、图形等，这意味着各元素间的关系同样需要相互协调。最容易理解和运用的协调法，就是在所有构成形态中，找出和显示它们的"共性"，缩小和减弱它们的差异，如常言所说的"求大同，存小异"，使包装的视觉效果富有条理性、秩序性，并且有统一和谐的美感。

图4-67：2017Pentawards铂金奖灯泡包装

（2）生动性

太中规中矩的设计只会给人平淡无奇的感觉。为了打破过于循规蹈矩单调的局面，需要增加创意设计形式变化，除了在图形、文字、色彩上有很多表现之外，在形式与造型和功能上也进行了各种突破。如运用对比原则是平面构成的重要构成形式之一，其对比形式可谓非常之自由，可以说版面中任意两个要素之间都可以产生不同的对比。诸如形的对比（曲直、方圆、大小、长短等）、色的对比（冷暖、明暗、鲜浊等）、量的对比（多少、疏密等）、质的对比（松紧、软硬等）、空间对比（虚实、远近等），以及态势的对比（动与静等）都会营造很强的视觉点。因此，运用对比原则可以让版面变得更美。如图4-68所示：获2016年Pentawards银奖的甜品包装。这款钢琴模样的蛋糕包装来自日本的创意，设计师非常讨喜地将蛋糕纸盒的侧面包装设计成了钢琴键的模样，外盒上的黑白包装也同时呼应了钢琴的主题。

图4-68: 2016Pentawards银奖——Marais甜点包装

伍

消费需求变得日趋差异化、多样
化、个性化，面对这样一个消费
追求个性体验的时代，创意包装
无疑是这个时代的一个重要体
现。包装设计课题实践表达注重
传统文化的挖掘与运用，实践作
品案例的创意设计变化通过图
形、文字、色彩、造型以及功能
进行各种突破，达到强化包装设
计的视觉效果。设计作品达到整
体协调、色彩丰富、风格大气，
使包装设计给人以一种文化内涵
与和谐之美。

课程实践

课题实践一 传统文化包装

课题实践二 节日浓情包装

课题实践三 仿生趣味包装

课题实践四 民族风情包装

课题实践五 优秀范例赏析

课题实践一 传统文化包装

实验要点： 以中国传统文化元素来构思创意，探索传统包装的设计与应用；通过对中国传统文化的再理解，在包装上诠释时尚与传统新语义。

实验方法： 对博物馆、工艺美术馆、古玩市场、老街作坊、图书馆等进行调研收集资料，研究传统图形、传统文字和传统色彩。

实验项目： 中国元素系列包装设计（土特产、酒、点心、工艺品、饰品等）。

系列包装： 是指把同一品牌，不同种类的产品用一种统一的形象、统一的形式、统一的色调、统一的标识等进行统一的规范设计，使造型各异、用途不一却又相互关联的产品形成一种统一的视觉形象。

实验要求： ①满足传统中的时尚观，扭转包装设计中的"仿旧"意识；②制作3件以上包装结构设计；③体现节日主题，考虑购买者心理因素；④体现旅游产品特色，考虑便携及文化因素；⑤设计制作5件完整的纸结构设计。

作品提交： 成品效果+电子刀模图+设计过程图稿。

图5-1：五星新年蛋糕包装

设计案例1：五星新年蛋糕包装

设计说明：在2011年五星新年蛋糕包装同时斩获了世界两个大奖——iF奖和红点奖，红色礼盒以五角的造型诠释出了中国的传统新年风俗，五角造型分别代表金木水火土和鸡狗猪羊牛五个生肖，另外，盒子中间的卡片还可作为书签。如图5-1所示。

设计案例2：丸庄酱油包装

设计说明： 盒形仿照传统的陶罐，图形源于吉祥"盘长"图案的演变，浓厚的色彩与流畅的文字搭配非常具有中国的淡雅韵味，该包装的整体设计具有中国传统艺术之美。如图5-2所示。

图5-2：丸庄酱油包装

设计案例3：新年糕点系列包装

设计说明： 为了呈现新式样又不失传统精神，包装以糕饼模具之图案为视觉主轴，运用木刻版画的表现手法，结合象征吉祥喜庆的红色意象，呈现"入古出新"的品牌形象。如图5-3所示。

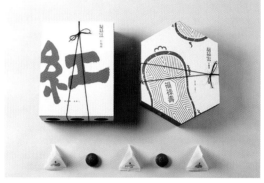

图5-3：新年糕点包装

课题实践二 节日浓情包装

实验要点：节日包装设计正越来越热，任何节日庆典都可能成为节日包装设计的契机，节日版的包装设计，在创意上保证消费者与包装共度美好的节日时光，在设计上遵循"文化、环保、简约、务实"的设计原则。

实验方法：借鉴并参照、比照中外文化，收集与节日相关的文化元素，研究消费者对节日消费的心理需求，研究与节日相关的图形、文字、色彩等，挖掘丰富的设计语言和创新的设计手法来表现节日的包装，在设计上避免单调、重复、盲目随大流。

实验项目：节日产品包装设计（春节、中秋节、端午节、圣诞节等）。

设计案例1：迪士尼的复古月饼包装

设计说明：中秋节最大的意义，就是团圆，和家人一起吃月饼、赏月亮、话家常，月饼代表人们对故乡和亲人永远割舍不去的思念，月饼的味道是人们中秋记忆的一部分。2015年迪士尼公司希望通过对中国这个古老节日的新演绎，更深度地理解与融入中国。最终产品围绕着上海、北京、广州、昆明四座城市展开创作，这四座城市，恰好是代表着中国月饼四大流派苏式/京式/广式/滇式。量身创作的中国地域文化特色的精美插画提升了包装的价值，整个系列包装风格融合了东方的传统视觉元

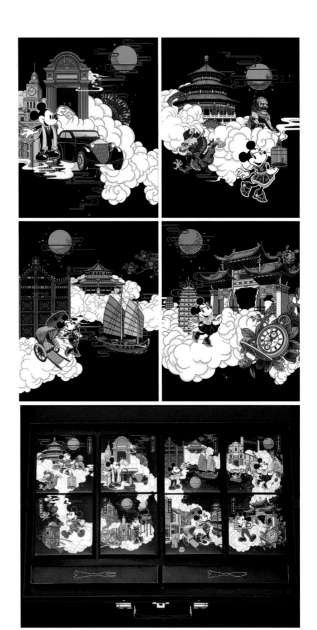

图5-4：迪斯尼复古月饼包装

素与西方的表现形式，该包装设计具有强烈的观赏性和视觉冲击力。如图5-4所示。

课题实践三　仿生趣味包装

实验要点：以直接模仿自然界的形态在包装中设计仿生结构、趣味结构为指导，探寻仿生的趣味在食品、玩具、文具包装中的表现。

实验方法：调研各种成人和儿童喜爱的人造物或动植物的个性特色，调研亚洲、欧洲的特色包装，寻找运用仿生结构设计创作出吸引儿童的最佳包装。

实验项目：以"动物、植物"为元素创作食品包装。如图5-5、6所示。

图5-5: 仿生鸟形态包装

图5-6: 仿生梨形态包装

133

课题实践四　民族风情包装

实验要点：探索少数民族文化内涵，找出传统文化与个性设计的碰撞点。形成自己的设计风格，以产地为重点强调民族文化特征。

实验方法：收集少数民族文化进行分析，突出浓郁的地方特色、深厚的文化底蕴和鲜明的民族特点，以此构成少数民族的文化气质。

实验项目：少数民族文化元素包装设计。

实验要求：①选材结构合理；②民族装饰元素突显包装特色；③满足系列产品包装设计；④体现产品特色，考虑购买者心理因素。

作品提交：快题草图+成品效果+电子刀模图+包装实物。

图5-7：少数民族原生态护肤品包装　杨婧

图5-8：水族婚嫁包装　刘康佳

课题实践五　优秀范例赏析

实验要点：主要针对原设计在包装结构和视觉要素的改良设计，研究原品牌形象、品牌定位、品牌属性、品牌色彩、品牌个性的包装设计理念，再进行全方位的重新定位设计。

实验方法：调研市场上同类产品包装，分析和对比现有的产品缺点，进行研究和调整，寻找最佳设计方法。

实验项目：农产品的包装改良设计

实验要求：①构思新颖独特的造型设计、符合消费者的审美要求；②根据包装结构平面图，手绘草图，定稿后在电脑上绘出完整的插画；③改良后的设计集中体现在装饰的美观上、结构的合理性以及良好的便携性上；④分析报告论证改良前后的优缺点。

课题实践 1：家乡特色产品包装设计

实验要点：以家乡传统特色产品为设计对象，结合当地文化元素来创意构思，探索传统包装的设计与应用。通过对地方传统包装的再理解，诠释时尚与传统新语义。

实验方法：收集地方传统文化，对当地产品文化进行调研，研究当地传统图形，研究当地传统文字，研究当地传统色彩。

实验项目：家乡传统特色产品包装设计（食品、酒、土特产等）。

创作：金山农飞牌大米包装设计

创意设计说明：农飞大米的包装设计运用上海金山农民画的特色元素，插画上以手绘江南水乡的风土人情为主要表现对象，色彩充满乡土气息，书法体的文字与夸张的风情人物搭配具有浓郁的中国乡土之情；作品充分表现了金山的地域、历史、社会、文化特色，展现了金山的独特文化魅力，设计非常具有中国地方传统艺术特色。如图5-9所示。

图5-9：上海金山特色大米包装创意设计　柳倩

课题实践 2：上海特色旅游产品的包装设计

实验要点：充分体现上海地域的历史、社会、政治、经济、文化特色，能表现旅游城市的独特魅力。产品创意新颖、独特、时尚，制作工艺不落俗套，鼓励新材质结合新技术的运用。设计富有上海元素和江南韵味特色，突出文化内涵和时代特征，具有较为可行的开发价值和市场前景，满足产业化和规模化生产需求；用材合理，绿色环保，杜绝过度包装。

实验方法：收集上海的海派文化特色、对上海文化元素、文化特质、风土人情等进行调研分析。

实验项目：海派特色旅游产品包装设计（食品、文化用品等）。

创作：上海石库门品牌黄酒包装

设计创意说明：在设计石库门黄酒的包装时，调查发现现有的石库门黄酒的包装严肃单调，不适合时下的年轻人。这款包装希望打破原有的观念，将上海独有的石库门建筑特色以手绘插画的形式表现出来，浓厚的红色庄重醒目，具有上海海派文化特色，设计既有历史的沉淀又具时尚感，同时也更适合年轻人，能够引起年轻人的购买欲，让石库门上海黄酒不再只是送给长辈的酒。如图5-10所示，非常具有典型的海派文化特色之美。

图5-10：上海石库门黄酒包装创意设计　蒋晓燕

课题实践 3：绿谷农产品系列包装的改良再设计

设计步骤：

图5-11：东北平原实景照片与手绘对照

图5-12：手绘插画草图

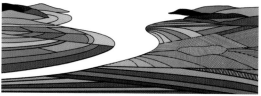

图5-13：电脑绘插画图

图5-14：完整的电脑绘插画图

图5-15：绿谷大米包装创意设计　蒋晓燕

设计创意说明：绿谷农产品系列包装的改良再设计针对源于东北平原的五谷杂粮，将现有的产品结合广阔的平原插画，提倡有机、自然、简约的生活方式。插画取景于谷物原生地——东北平原，运用淡雅的浅灰色调、简约的排线方式绘制插画，再配合自然感的纹底肌理，将平原谷物丰富的天地与祥和的氛围都表现得淋漓尽致。米砖和外盒的插画设计，是分别将两处的平原取景绘制的两个插画，当两种产品组合连在一起时又是一幅完整的东北平原，以此形成系列，美观的同时又充满趣味。

课题实践4: 安化白沙溪黑茶包装改良再设计

创作: 黄金溪"金雪芽"系列包装设计

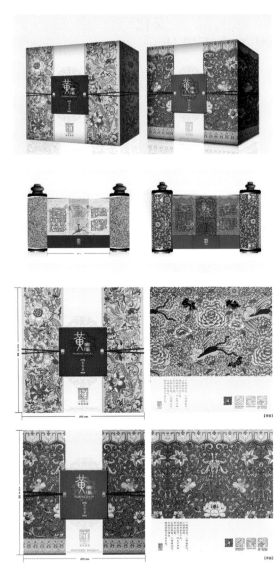

图5-16: 安化"金雪芽"包装创意设计　俞思懿

设计创意说明: 安化黑茶历史悠久,在整个中国的茶文化史上,有着不可替代的位置。"金雪芽"属于白沙溪品牌的黄金溪系列,因此产品针对的是高端消费人群,故设计以高贵精制为主,以区别于其他同类产品。包装设计图案的原作选自Owen Jones的《Examples of Chinese Ornament》,该书收录了包括伦敦的South Kensington博物馆在内的一些1809—1874年的中国文物图案。众所周知,中国古代纹样以精致、繁复、高贵、婉约而闻名于世,而其中以中国晚清纹饰尤为杰出,于是将中国传统纹样运用到包装设计作品上,以新时尚的形态,提升产品的文化价值。

课题实践 5: 安化白沙溪黑茶包装改良再设计

创作: 黄金溪 "金砖" 系列包装设计

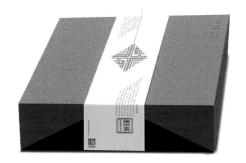

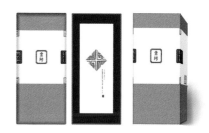

设计创意说明: 包装颜色上,159g的包装以金色、深灰为主,599g的包装则以灰绿及黑色为主,整体系列设计给人沉稳别致的感觉。在包装盒结构上,突破以往简单的摇盖方式,采用封条拿掉从两边掀开盒盖的双重开盒方式,极具对称美。包装上腰封的图案灵感来自楚国漆器上的几何纹,加以设计形成的新图案体现了安化黑茶文化的历史悠久性。几何形的纹样与文字的搭配相得益彰,与简洁大气的包装结构相呼应,配合简单且形象的包装纸袋,尽显高端大气。

图5-17: "金砖" 黑茶包装设计　吴晓青、毕慧娟、徐雁翎、陈丹妮

图5-18：咖啡小镇系列包装设计　朱文钦

图5-19：传统点心系列包装设计　晏天天

图5-20: 米酒系列包装设计　刘诗悦

图5-21: "料"想spice&space调味料x系列包装设计　杨轶南

141

图5-22：怡情篆香系列包装设计　楼嘉怡

设计创意说明：通过对传统篆香文化的了解，从中进行纹样、文字、颜色的采集，提炼设计出精美的纹样图案元素，结合中国传统色彩应用体系中以两色为基调的色彩配置。包装运用最有代表性的蓝色与白色，这两色的配色看似简单，却表达明确，十分典雅，可以创造出变化万千的装饰效果。给人以鲜明的感染力，使人们在使用篆香产品神情放松、怡然自得。整体设计简洁不失大气，整体包装设计将传统与现代文化元素结合，带给观者更多的感官愉悦。

图5-23: 2018德国iF设计奖包装(中国)

143

设计创意说明: 这是一款辣椒酱的包装,一盒装有四瓶。与其他辣椒酱的包装相比,这款产品的特点在于,采用中国人都熟知的美味银鱼作为原料之一,配以新鲜的剁椒,形成了无与伦比的美味组合。为了凸显这一特点,设计师将捕捞的场景描绘在四个纸套上,纸套包裹住玻璃瓶,并排放入包装中之后呈现出一组完整的景象。作为一款四瓶装的礼盒产品,让消费者在打开这个礼盒的时候,能够获得赏心悦目的感受,加深了对产品的美好印象。而且还能让消费者明白,产品中的银鱼都是采用传统捕捞方式获得,这也传递出了企业方原生态的产品宗旨。

图5-24: 云南普洱茶包装

设计创意说明: 云南普洱茶系列包装以卷轴的形式进行了创新的角度设计。在未打开前看到的是用麻绳系着的牛皮纸材质的卷轴装,当你慢慢打开卷轴包装时,呈现出来的是一幅幅精美的、细腻的绘画作品,而两侧的卷轴里巧妙地设计了圆柱形的装茶容器,在每个不同规格茶袋的卷口位置也设计了一幅幅精美的插画,包装色调古朴、插画雅致、文字简洁、结构巧妙,整体设计艺术性强,可以说是一幅艺术作品。